职业教育新型活页式教材

U0414521

现代信息技术基础

（麒麟操作系统+WPS Office）

邓小飞　陈　皓　王　婧　◎主　编

肖渝琪　姚　南　辜　璇　杨　艳　白树明　◎副主编

電子工業出版社·

Publishing House of Electronics Industry

北京·BEIJING

内 容 简 介

本书参考教育部发布的《高等职业教育专科信息技术课程标准（2021 年版）》，选取计算机办公应用中的典型工作任务，以新型活页式教材的形式组织编写而成。全书包括四个学习任务，分别为庆祝建党百年活动策划书制作、产品销售报表制作、产品推介演示文稿制作和新一代信息技术调研报告制作，内容涵盖"6S"管理制度、麒麟操作系统、文字文稿处理、电子表格处理、演示文稿制作、新一代信息技术、信息检索、信息素养与社会责任等。

本书既可作为高等职业院校现代信息技术课程基础模块教学的教材，也可作为企业人员的培训教材。

图书在版编目（CIP）数据

现代信息技术基础：麒麟操作系统+WPS Office / 邓小飞，陈皓，王婧主编. —北京：电子工业出版社，2023.9

ISBN 978-7-121-46460-7

Ⅰ．①现… Ⅱ．①邓… ②陈… ③王… Ⅲ．①操作系统－高等职业教育－教材 ②办公自动化－应用软件－高等职业教育－教材 Ⅳ．①TP316 ②TP317.1

中国国家版本馆 CIP 数据核字（2023）第 185822 号

责任编辑：关雅莉
印　　刷：湖北画中画印刷有限公司
装　　订：湖北画中画印刷有限公司
出版发行：电子工业出版社
　　　　　北京市海淀区万寿路 173 信箱　邮编　100036
开　　本：787×1 092　1/16　印张：11.5　字数：294.4 千字
版　　次：2023 年 9 月第 1 版
印　　次：2023 年 9 月第 1 次印刷
定　　价：45.00 元

凡所购买电子工业出版社图书有缺损问题，请向购买书店调换。若书店售缺，请与本社发行部联系，联系及邮购电话：（010）88254888，88258888。

质量投诉请发邮件至 zlts@phei.com.cn，盗版侵权举报请发邮件至 dbqq@phei.com.cn。

本书咨询联系方式：（010）88254247，liyingjie@phei.com.cn。

　　《国家职业教育改革实施方案》把奋力办好新时代职业教育细化为具体行动，如何有效提升新时代职业教育现代化水平已成为每位职业教育工作者的使命。目前，高等职业院校开设的"现代信息技术"课程习惯于传统学科知识体系教学，因教学模式不是以职业应用操作为主，所以使得学习者综合实践应用不够、职业能力构建较弱，无法满足新时代职业教育改革发展的最新要求。考虑到"现代信息技术"是高等职业院校学生必修的一门公共基础课程，所以本书参考教育部发布的《高等职业教育专科信息技术课程标准（2021年版）》，选取计算机办公应用中的典型工作任务，以新型活页式教材的形式组织内容。全书通过四个学习任务，将工作中涉及的"6S"管理制度、麒麟操作系统、文字文稿处理、电子表格处理、演示文稿制作、新一代信息技术、信息检索、信息素养与社会责任等内容组织起来。本书以培养计算机办公应用人才为目标，打破以理论基础为主的传统写法，注重基本技能操作和职业应用能力的培养。

本书分为四个学习任务：

1．学习任务一　庆祝建党百年活动策划书制作

2．学习任务二　产品销售报表制作

3．学习任务三　产品推介演示文稿制作

4．学习任务四　新一代信息技术调研报告制作

每个学习任务都由以下八个部分组成：

1．学习目标

2．建议学时

3．工作情境描述

4．工作流程与活动

5．学习活动1　明确任务和知识准备

6．学习活动2　制订计划

7．学习活动3　实施作业

8．学习活动4　质量检查及验收

每个学习活动都由"学习目标"、"思政要点"和"学习过程"三个部分组成。

　　本书由武汉职业技术学院的邓小飞、陈皓老师和东营科技职业学院的王婧老师担任主编，由武汉职业技术学院的肖渝琪、姚南、辜璇、杨艳老师和麒麟软件有限公司的白树明担任副主编。其中，肖渝琪负责编写学习任务一，姚南负责编写学习任务二，辜璇负责编写学习任务三，杨艳和陈皓负责编写学习任务四，邓小飞和王婧负责麒麟操作系统内容的编写，王婧负责全书的统稿工作，白树明对全书编写提供了技术指导。

　　为了方便教师教学，本书提供相应的配套资源，需要者可在登录华信教育资源网后免费下载。

　　由于编者水平有限，加之编写时间仓促，书中难免存在疏漏和不足之处，敬请广大读者批评指正，以便再版时进行完善。

编　者

CONTENTS ●●●●●●●●●● 目 录

学习任务一

庆祝建党百年活动策划书制作

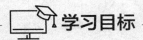学习目标

1. 能通过与客户或业务主管等相关人员沟通后明确工作任务，并准确概括、复述任务内容及要求。
2. 能合理制订工作计划。
3. 能熟练使用麒麟操作系统。
4. 能描述 WPS 文字的功能和操作界面各部分的作用。
5. 能完成文稿创建、界面切换、视图模式等设置。
6. 能完成文字格式、段落格式、页面及打印等设置。
7. 能运用图表、图形、图片、文本框、艺术字、水印、符号等元素制作文稿，具备图文混排编辑的能力。
8. 能运用样式与模板制作和编辑目录。
9. 能掌握文稿的格式修改，以及打印预览和打印操作。
10. 能参照相关标准和规范对文稿进行审核、校对、修改。
11. 能按任务规定填写工作日志，并完成质量检查及任务验收。

建议学时

16 学时

工作情境描述

　　某公司将举办庆祝建党 100 周年主题系列活动，现需要完成活动策划，在 WPS 文字中完成活动策划书文稿的制作。

　　具体制作要求如下：

　　1. 主题明确、结构清晰；

　　2. 格式规范，符合公司文件写作版式要求；

　　3. 能充分展现整个活动的前、中、后期过程。

　　活动策划人从业务主管处领取任务单，与业务主管沟通并了解细节要求；根据任务单编制工作计划，录入策划书文稿，设置文稿格式；校对信息与格式无误后，交付业务主管确认，根据业务主管的反馈意见修改文稿；工作完成后整理现场，填写工作日志，并提交主管审核。

 工作流程与活动

● 学习活动 1　明确任务和知识准备

● 学习活动 2　制订计划

● 学习活动 3　实施作业

● 学习活动 4　质量检查及验收

学习活动 1　明确任务和知识准备

 学习目标 ● ● ●

1. 能通过与客户或业务主管等相关人员沟通后明确工作任务，并准确概括、复述任务内容及要求。
2. 能熟练使用麒麟操作系统。
3. 能描述 WPS 文字的功能和操作界面各部分的作用。
4. 能新建文字文稿，或对已有文字文稿进行打开、关闭、保存、加密等基本操作。

 思政要点 ● ● ●

通过学习"6S"管理制度，树立规范意识、效率意识和安全意识，培养劳动观念。

学习过程 ● ● ●

一、熟悉工作环境

1. 熟悉"6S"管理制度

"6S"管理是一种科学管理模式，是指在生产现场对人员、机器、材料、方法等生产要素进行有效管理，包括整理（Seiri）、整顿（Seiton）、清扫（Seiso）、清洁（Seiketsu）、素养（Shitsuke）和安全（Safety）。6 个"S"之间的关系如图 1–1 所示。例如，办公室会依据各项标准，通过个人维持、保洁维护、不定期检查等方式进行诊断检查和管理；在实验室、工厂等一线工作场所会严格遵守标准，针对每个区域责任到人，通过每天内部检查、记录、随时抽检的方式严格管理。表 1–1 为某公司办公室"6S"管理诊断检查表；表 1–2 和表 1–3 分别为某公司必需品和非必需品处理表、某公司不要物处理清单表，这两个表属于"6S"管理中整理部分的内容标准示例；表 1–4 为某公司安全工作核对表，该表属于"6S"管理中安全部分的内容标准示例。

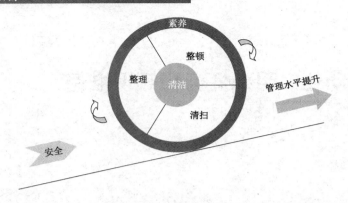

图1-1 6个"S"之间的关系

表1-1 某公司办公室"6S"管理诊断检查表

序号	项目	检查项目	配分	得分	改善计划
1	整理	1. 是否有定期去除不要物的红牌	3		
		2. 有无归档的规定	3		
		3. 桌、橱柜等抽屉内的物品是否有必要的最低限量	3		
		4. 是否有必要隔间，使现场视野良好	2		
		5. 是否将桌、橱柜、通道等区域明确划分	2		
		小计	13		
2	整顿	1. 是否按照归档的要求进行文件归档	2		
		2. 文件等各类物品是否实施定制化和标志化（颜色、标签等）	2		
		3. 是否规定用品的放置位置并进行补充管理，如最高或最低存量管理	2		
		4. 必要的文件等物品是否易于取用，放置方法是否正确（立即取出和放回）	2		
		5. 是否规定橱柜、书架的管理责任者	2		
		小计	10		
3	清扫	1. 地面、桌上是否杂乱	3		
		2. 垃圾箱是否积得太满	3		
		3. 配线是否杂乱	3		
		4. 茶水间是否有标明管理责任人的标示牌	3		
		5. 茶水间是否干净明亮	3		
		6. 是否有清扫分工制度，窗、墙板、天花板、办公桌、通道或办公场所地面、作业台是否干净，办公设施是否干净无灰尘	3		
		小计	18		
4	清洁	1. 办公设备是否按规定定期清洁	3		
		2. 抽屉内是否杂乱	3		
		3. 私人物品是否放于指定位置	3		
		4. 下班时桌上是否整洁	3		
		5. 是否穿着规定服装	3		
		6. 排气和换气是否正常，空气中是否有灰尘或污染味道	3		

续表

序号	项目	检查项目	配分	得分	改善计划
4	清洁	7. 光线是否足够，亮度是否合适	3		
		小计	21		
5	素养	1. 是否使用周业务进度管理	2		
		2. 本部门重点目标、目标管理等是否进行可视化	2		
		3. 公告栏中的公告文件是否过期	2		
		4. 接到当事者不在的电话是否做备忘记录	2		
		5. 是否以合适方式告知出差地点与往返时间等	2		
		6. 是否有文件传阅规定	2		
		7. 是否积极参加晨操	2		
		8. 是否每天在下班时执行5分钟"6S"管理活动	2		
		9. 工作人员是否仪容端正、精神饱满、工作认真	2		
		小计	18		
6	安全	1. 危险品是否有明显的标志	2		
		2. 各安全出口的前面是否有物品堆积	2		
		3. 灭火器是否放置在指定位置并处于可使用状态	2		
		4. 消火栓的前面或下面是否有物品放置	2		
		5. 空调、电梯等大型设施设备的开关及使用是否指定专人负责或有相关规定	2		
		6. 电源、线路、开关、插座是否有异常现象出现	2		
		7. 是否存在违章操作	2		
		8. 对易倾倒物品是否采取防倒措施	2		
		9. 是否有健全的安全机构及规章制度	2		
		10. 是否定期进行应急预案的演习	2		
		小计	20		
		合计	100		
评语：			检查人：		

表1-2 某公司必需品和非必需品处理表

类别	使用频度		处理方法	备注
必需品	每天		现场存放（办公桌、工作台附近）	
	每周		现场存放	
	每月		密码柜或仓库存储	
非必需品	三个月		密码柜或仓库存储	
	半年		密码柜或仓库存储	
	一年		仓库存储（封存）	
	二年		仓库存储（封存）	
	未定	有用	仓库存储	
		无用	变卖/废弃	
	无用		废弃/变卖	

表1-3　某公司不要物处理清单表

单位：　　　　　　　　　　　　　　　　　　　　　　　　　　　　　　　　　　　年　　月　　日

序号	物品名称	数量	不使用的原因	责任部门处理意见	主管领导处理意见	备注

表1-4　某公司安全工作核对表

管理项目	内容	核对
机械电气设备、装置的安全化	（1）对机械电气设备、装置是否努力实现安全化 （2）保护用具是否有好的性能 （3）机械电气设备是否有安全装置 （4）是否对机械电气设备、装置进行有效管理 ①是否对动力传导装置进行有效维护 ②是否对吊车的安全采取有效措施 ③是否对装卸运输机械设备的维护采取有效措施 ④是否对电气设备、电动工具的安全使用及保养采取有效措施 ⑤是否对可燃性气体及其他易燃易爆物品的管理采取有效措施 ⑥排、换气装置是否有故障	
作业环境条件的保持和改进	（1）工作场所的布局是否合理 （2）是否做好整理整顿 （3）是否有好的放置方法 ①高度 ②数量 ③位置 （4）地方是否合适 （5）是否有好的保管方法 ①危险品 ②有害物品 ③重要物品 ④超长超大物品 （6）地面上是否有油、水、凹凸不平的情况 （7）明亮度是否足够 （8）温度是否适当 （9）有害气体、蒸汽、粉尘是否在排放允许浓度的范围内 （10）防止噪声的措施是否有效 （11）躲避通道和场所是否有保证 （12）安全的标志是否科学 （13）是否努力改善环境	

续表

管理项目	内容	核对
安全卫生检查	（1）是否制订定期自主检查计划 （2）是否定期进行了自主检查 （3）作业开始前是否进行了检查 （4）检查是否根据标准进行；是否有检查表；是否检查日期、检查者、检查对象（机器）、检查部位（地方）、检查方法都正确 （5）是否有判断标准 （6）是否规定了检查负责人 （7）是否改进了不良地方（部位） （8）是否保存检查记录	

2. 熟悉麒麟操作系统

（1）麒麟操作系统的启动和退出

接通计算机电源，按开机按钮后计算机启动。计算机将操作系统软件从硬盘加载到内存中并运行。如果启动过程没有出错，运行正常，计算机将进入麒麟操作系统的登录界面（本书所涉及的麒麟操作系统为银河麒麟操作系统），如图 1-2 所示。根据麒麟操作系统的启动设置，可以选择自动登录或停留在登录界面等待登录。在登录界面中系统会提示输入密码，即在系统中已创建用户名的密码。通常用户名和密码在系统安装时进行设置，选择登录用户并输入正确的密码，单击"登录"按钮后即可登录，单击"隐藏"或"取消隐藏"按钮可实现密码的隐藏或显示。

图 1-2　麒麟操作系统的登录界面

登录成功后，计算机进入麒麟操作系统桌面，如图 1-3 所示。

图 1-3　麒麟操作系统桌面

单击"开始"菜单 中的"电源"菜单按钮 ，可以进入麒麟操作系统的电源管理界面。电源管理是桌面操作系统最基本的功能，能够实现对当前桌面操作系统电源状态及账户状态的修改，包括休眠、睡眠、锁屏、注销、重启、关机等功能。"关机"是指退出登录并关闭计算机。"重启"是指退出登录并重启计算机。"注销"是指清除并退出当前使用的用户，返回用户登录界面，主要用于其他用户的账户登录。"锁屏"是指用户暂时不需要使用计算机时，可以选择锁屏（不会影响系统当前的运行状态），防止误操作，当用户返回后，输入密码即可重新进入系统。在默认设置下，系统在空闲一段时间后将自动锁定屏幕。"睡眠"是指用户在工作过程中如果需要短时间离开计算机，可以让计算机进入睡眠状态，系统切断除内存之外其他配件的电源，工作状态的数据将保存在内存中，这样在重新唤醒计算机时，就可以快速恢复到睡眠前的工作状态。睡眠可通过键盘和鼠标进行唤醒。"休眠"是指用户在工作过程中如果需要稍长一段时间离开计算机，可以让计算机进入休眠状态。此时，系统会自动将内存中的数据全部转存到硬盘的一个休眠文件中，然后切断对所有设备的供电。当唤醒的时候，系统会从硬盘将休眠文件中的内容直接读入内存，并恢复到休眠之前的状态。休眠需要通过电源键或唤醒键进行唤醒。

（2）麒麟操作系统桌面的组成与操作

麒麟操作系统桌面由桌面图标、任务栏、"开始"菜单、桌面背景等部分组成。在桌面上默认放置了"计算机"、"回收站"和"kylin"文件夹三个图标，在桌面图标上用鼠标左键双击即可打开图标对应的功能界面。"计算机"可以显示连接到本机的驱动器和硬件。"回收站"可以显示被删除到回收站的文件。"kylin"文件夹可以显示个人用户的主目录。

　　桌面图标可以移动，将鼠标悬停在图标上，按住鼠标左键并将图标拖曳到指定位置，松开鼠标左键即可释放图标。此外，桌面图标的大小可以进行调节，也可以根据用户要求进行排序。在桌面上单击鼠标右键，在弹出的快捷菜单中选择"视图类型"命令，在其级联菜单中可以选择图标大小。麒麟操作系统默认提供了四种图标大小的设置，分别为小图标、中图标（默认）、大图标和超大图标。在桌面上单击鼠标右键，在弹出的快捷菜单中选择"排序方式"命令，系统可以按照文件名称、大小、类型或修改时间进行排序，通过排序可以快速找到需要的文件。

　　在"计算机"图标上单击鼠标右键，在弹出的快捷菜单中选择"属性"命令，在打开的"设置"窗口中选择"关于"选项卡，在窗口右侧可以查看当前系统版本、内核版本、激活状态等相关信息，计算机属性界面如图1-4所示。

图1-4　计算机属性界面

　　桌面底部的"任务栏"用于查看系统启动应用软件、系统托盘图标。任务栏默认放置"开始"菜单、多窗口、文件管理器、浏览器图标和系统托盘图标。在任务栏中可以打开"开始"菜单、显示桌面、进入工作区等，也可以对应用软件进行打开、关闭、强制退出等操作，还可以设置输入法、调节音量、连接 WiFi、查看日历、进入关机界面等。

桌面左下角的"开始"菜单是使用系统的起点，在"开始"菜单中可以查看和管理系统已安装的所有应用软件。在"开始"菜单中使用分类导航或搜索功能可以快速定位到需要的应用程序。"开始"菜单有小窗口和全屏两种模式，如图 1-5 和图 1-6 所示，可以单击"开始"菜单右上角的图标来切换模式。两种模式均支持搜索应用、设置快捷方式等操作。小窗口模式还支持快速打开文件管理器、控制中心，进入关机界面等功能。

图 1-5　小窗口模式"开始"菜单

图 1-6　全屏模式"开始"菜单

在"开始"菜单中，可以使用鼠标滚轮或切换分类导航来查找应用软件。如果已知应用软件名称，可直接在搜索框中输入应用名称或关键字来实现快速定位。对于已经创建了桌面快捷方式或固定到任务栏上的应用软件，可以通过以下途径来打开应用软件：

① 双击桌面图标，或者在桌面图标上单击鼠标右键并在弹出的快捷菜单中选择"打开"命令；

② 直接单击任务栏中的应用软件图标，或者右击任务栏上的应用软件图标并在弹出的快捷菜单中选择"打开"命令；

③ 打开"开始"菜单后，直接单击应用软件图标，或者右击应用软件图标并在弹出的快捷菜单中选择"打开"命令。

在桌面空白处单击鼠标右键，弹出快捷菜单。通过该快捷菜单可以进行简单的计算机常用操作，如图 1-7 所示。"在新窗口中打开"可以在新窗口中打开当前指定的文件或目录。"全选"可以选中当前目录下的全部文件。"新建"可以新建文件夹、空文本等。"视图类型"包含小图标、中图标、大图标和超大图标四种视图类型。"排序方式"提供多种排列图标的方式。"刷新"可以刷新界面。"打开终端"可以打开终端程序。"设置背景"可以进行桌面背景的相关设置。

图 1-7　快捷菜单

（3）应用软件安装和卸载

麒麟操作系统提供了便捷的应用软件安装和卸载方式，用户可根据需求自主进行安装和卸载操作。应用软件安装方法有软件商店安装和安装器安装两种。软件商店安装是利用麒麟操作系统自带的麒麟软件商店，在其中选择软件后一键下载并安装应用。安装器安装有两种方法：方法一是双击所需要安装的 deb 文件，弹出安装器界面，根据界面引导操作安装；方法二是在终端中利用"kylin-installer + 包名"命令进行安装。例如，安装麒麟影

音可以使用 "kylin-installer kylin-video_3.1.0-71_amd64.deb" 命令。

对于不再使用的应用软件，可以卸载应用软件来节省硬盘空间。卸载方法有两种：第一种方法是在 "开始" 菜单中卸载，在 "开始" 菜单中右击要卸载的应用软件图标，在弹出的快捷菜单中选择 "卸载" 命令即可卸载应用软件；第二种方法是通过软件商店卸载，打开软件商店，单击 "我的" 功能区，再单击 "应用卸载" 选项卡，选中需要卸载的应用并单击 "卸载" 按钮即可。

（4）输入法管理

输入法是指为了将各种文字和图形符号输入计算机中而采用的编码方法。汉字输入的编码方法，就是将音、形、义与特定的键相关联，再根据不同汉字进行组合来完成汉字的输入。麒麟操作系统集成了 Fcitx 输入法框架（小企鹅输入法），Fcitx 通过使用各种各样的输入法引擎来支持不同种类的语言，包括五笔、拼音、二笔、区位、仓颉等输入模块，在输入法的自定义使用上也极为灵活。

输入法打开方式是在任务栏中选择 "输入法" 按钮，单击鼠标右键并在弹出的快捷菜单中选择 "配置" 命令（或者在 "开始" 菜单 中单击 "设置"→"键盘"→"输入法配置" 命令），打开 "输入法配置" 窗口，如图 1-8 所示。在打开的 "输入法配置" 窗口中可以进行添加和删除输入法、设置输入法顺序和全局配置等操作。在该窗口的 "输入法" 选项卡中，单击窗口底部的 "+" 按钮可以选择并添加其他输入法，如图 1-9 所示；单击 "-" 按钮可删除选中的输入法；单击 "↑" 或 "↓" 按钮可以设置输入法的切换顺序。

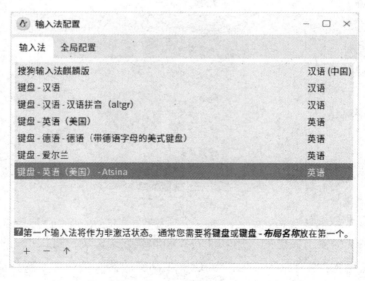

图 1-8 "输入法配置" 窗口

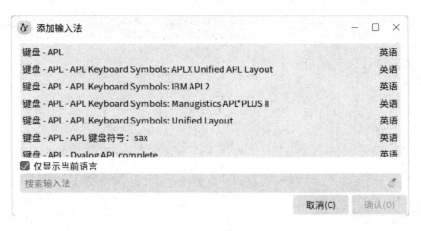

图 1-9　添加输入法

在"输入法配置"窗口的"全局配置"选项卡中，可以设置输入法切换键、在窗口间共享状态和默认输入法状态等，如图 1-10 所示。

图 1-10　"全局配置"选项卡

（5）网络管理

麒麟操作系统的网络连接功能主要包括有线网络、无线局域网等。

有线网络提供了有线网络的开启、连接和断开，如图 1-11 所示，可以分别对单个有线网卡进行开关管理。

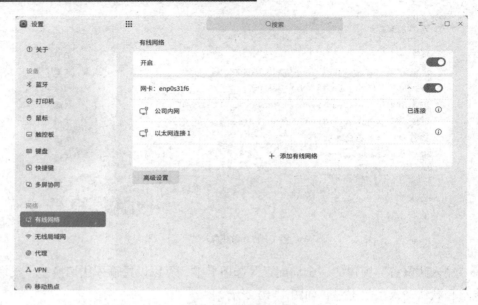

图 1-11　有线网络设置

无线局域网提供了无线网络的开启、连接和断开，如图 1-12 所示，可以对无线局域网功能进行开关管理。

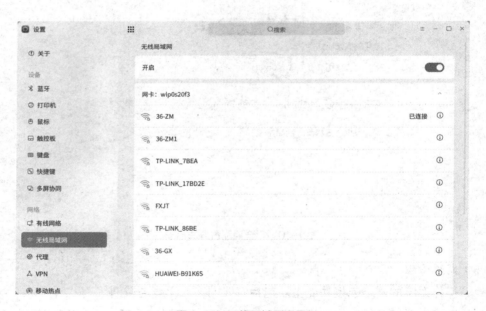

图 1-12　无线局域网设置

（6）用户管理

用户账户是对计算机用户身份的识别，且本地用户账户和密码信息存储在本地计算机中，需要系统管理用户的账户信息。账户主要包括账户信息、登录选项和云账户。账户信息是对系统用户进行管理配置，允许管理员创建用户、删除用户和修改用户信息。在系统的"设置"窗口左侧区域中选择"账户信息"选项，即可对账户进行管理，如图 1–13 所示。

图 1–13　账户信息

在"账户信息"管理界面中，可以在单击用户头像后选择合适的图片，更改用户头像。选择"修改密码"选项，即可修改当前用户的密码。

用户类型分为标准用户和管理员用户，如图 1–14 所示。管理员用户是特殊权限用户，可以临时提升 root 权限，麒麟操作系统至少需要一个管理员用户；而标准用户是普通用户，无法提升权限。

图 1–14　用户类型

麒麟操作系统可以添加新用户，需要为新用户设置用户名、密码和用户类型，如图 1–15 所示。设置用户密码时要注意密码的复杂度要求，用户密码不可包含非法字符，密码长度最少 8 位，密码最少包含两类字符（数字、小写字母、大写字母或符号），密码禁止包含用户名，密码禁止使用回文，在修改密码时密码必须通过相似性检查。

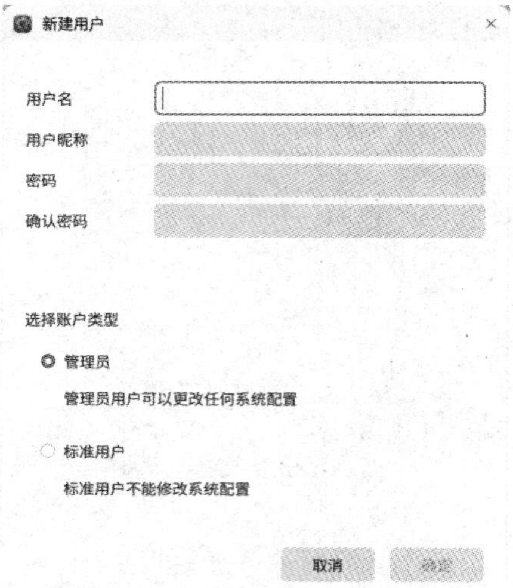

图 1–15　添加新用户

麒麟操作系统的用户登录可以对生物识别功能进行管理。在系统的"设置"窗口左侧区域中选择"登录选项"选项，在窗口右侧区域可以修改密码、设置扫码登录和生物识别功能。密码是识别麒麟操作系统用户的一种方式，因为密码有可能被用户遗忘，所以麒麟操作系统配备了生物识别功能。麒麟操作系统的生物识别的功能是通过计算机的生物传感器和生物统计学原理等高科技手段，利用人体固有的生理特性（如指纹、人脸特征）来进行个人身份鉴定的。开启生物识别功能后，用户登录时可以使用生物识别功能，可以在"生物识别"设置界面对生物特征进行录入、重命名和删除。

（7）文件管理

计算机文件是计算机中信息的存储单位，可长期储存在硬盘、U 盘、光盘等存储设备，特点是所存信息可以长期、多次使用，不会因为断电而消失。文件夹可以分门别类地收纳和整理大量的文件资料，包含桌面应用、文件及文件夹等。在麒麟操作系统中有一个根文件夹，所有文件、文件夹及设备都存储在根文件夹下。用户在桌面上也可以临时存储文件和文件夹，但应该在用户主目录"我的文档"文件夹中进行备份，以便长期保存。

麒麟操作系统文件名最长可以为 255 个字符，通常由字母、数字、"."（点号）、"_"（下画线）和"–"（减号）组成。当"."为文件名首字母时，默认情况下文件会被隐藏，设置显示隐藏文件时才会显示。文件名不能含有"/"符号，因为"/"在操作系统目录树中，表示根目录或路径中的分隔符号。

文件路径用来定位文件和文件夹，表示当前目录下的文件时，可以直接引用文件名。如果要使用其他目录下的文件，则必须指定该文件所在的目录。文件路径中的绝对路径是不变的，路径从根目录开始，比如"/home/kylin/test"。相对路径是随着用户工作目录而改变的，路径从当前所在目录开始，比如位于"/home"目录下时，test文件的相对路径为"kylin/test"。每个目录下都有代表当前目录的"."文件和代表当前目录上一级目录的".."文件。当位于"/etc"目录下时，test文件的相对路径则表示为"../home/kylin/test"。

麒麟操作系统中不同的文件有不同的文件类型，有普通文件、目录文件、设备文件和符号链接文件。普通文件用于存储各种计算机信息，如文本文件、数据文件、可执行的二进制程序等。目录文件，也叫目录，系统把目录看成是一种特殊的文件，利用它构成文件系统的分层树状结构。设备文件，麒麟操作系统将各种设备命名为设备文件，分为字符设备文件和块设备文件，用来识别各个设备驱动器，麒麟操作系统内核使用其与硬件设备通信。符号链接文件是特殊的文件，其存放的数据是文件系统中通向某个文件的路径。当调用符号链接文件时，系统将自动访问保存在文件中的路径。

在麒麟操作系统中可以通过文件浏览器分类查看系统中的文件和文件夹，支持文件和文件夹的常用操作。"文件浏览器"窗口可划分为工具栏、文件夹标签预览区、侧边栏、窗口区和状态栏、预览窗格等，"文件浏览器"窗口如图1-16所示，"文件浏览器"窗口功能区及作用见表1-5。

图1-16　"文件浏览器"窗口

表1-5 "文件浏览器"窗口功能区及作用

对象	作用
工具栏	包含操作当前文件夹返回上一级、显示当前文件夹地址、文件搜索、修改视图模式和排序方式、操作"文件浏览器"窗口最小化、最大化和关闭等功能
窗口区	窗口区列出了当前目录节点下的子目录、文件。在侧边栏列表中选择一个目录，其中的内容就会在窗口区显示，文件图标高亮表示该文件被选中
侧边栏	侧边栏列出了所有文件的目录层次结构，提供对操作系统中不同类型文件夹目录的浏览。外接的移动设备、远程连接的共享设备也会在此处显示
文件夹标签预览区	用户可通过文件夹标签预览区查看已打开的文件夹，并能够通过单击"＋"图标添加其他文件夹
预览窗格	用户单击预览窗格右上角的预览图标即可对文件详情预览。以图片文件为例，在预览窗格中可查看文件名称、文件类型、文件大小等信息
状态栏	如果只选择文件夹，会显示选中的文件夹个数；如果选中的是文件，会计算选中文件的大小。计算机视图中会显示选中的项目数（包括分区或移动设备等）。右下角的滑动条为缩放条，可对文件图标大小进行调节

在文件浏览器中文件和文件夹常用操作如下。

①复制

方式 1：选中文件并单击鼠标右键，在弹出的快捷菜单中选择"复制"命令，在要复制的目标位置单击鼠标右键，并在弹出的快捷菜单中选择"粘贴"命令。

方式2：选中文件并按 Ctrl+C 组合键，在要复制的目标位置单击鼠标右键，并按 Ctrl+V 组合键。

方式3：从项目所在文件夹窗口中拖曳文件至目标文件夹窗口。

在方式 3 中，如果两个文件夹都在计算机的同一硬盘设备中，项目将被移动；如果从 U 盘拖曳到系统文件夹中，项目将被复制（因为这是从一个设备拖曳到另一个设备）。要在同一设备上进行拖曳复制，需要在拖曳的同时长按 Ctrl 键。

②移动

方式 1：选中文件并单击鼠标右键，在弹出的快捷菜单中选择"剪切"命令，在要复制的目标位置单击鼠标右键，并在弹出的快捷菜单中选择"粘贴"命令。

方式2：选中文件并按 Ctrl+X 组合键，在要复制的目标位置单击鼠标右键，并按 Ctrl+V 组合键。

③删除

a. 删除至回收站

方式1：选中文件并单击鼠标右键，在弹出的快捷菜单中选择"删除到回收站"命令。

方式2：选中文件并按 Delete 键。

方式 3：选中文件并拖曳至桌面的"回收站"图标。

若删除的文件在可移动设备中，在未进行清空回收站的情况下弹出设备，可移动设备上已删除的文件在其他操作系统中可能无法看到，但这些文件仍然存在。当设备重新插入删除该文件所用的系统时，将能在回收站中看到。

b. 永久删除

方式 1：在"回收站"窗口中再次删除文件。

方式 2：选中文件并按 Shift+Delete 组合键。

④重命名

方式 1：选中文件并单击鼠标右键，在弹出的快捷菜单中选择"重命名"命令。

方式 2：选中文件并按 F2 键

若要撤销重命名，按 Ctrl+Z 组合键即可恢复。

⑤格式化和卸载设备

在侧边栏中，对接入系统的设备进行右键单击，弹出如图 1-17 所示的菜单。

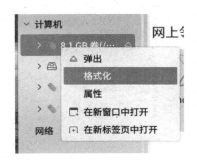

图 1-17　菜单

其中，卸载/弹出都有卸载移动设备的作用，区别在于卸载后系统中依然存在该设备（未挂载状态），弹出则无法再从系统中找到该设备。设备右侧的"△"按钮为"弹出"按钮。

格式化：系统默认格式化为 NTFS 文件系统，如图 1-18 所示，用户可自行更改为 Ext4 或 VFAT 格式。格式化过程中请勿移除设备，否则会产生异常，可能会导致设备无法挂载等问题。

图 1-18　格式化

⑥访问网络共享文件夹

访问网络功能用于在局域网中共享文件夹。以共享"音乐"文件夹为例，右键单击"音乐"文件夹，在弹出的快捷菜单中选择"属性"命令，打开"音乐属性"对话框。用户可在"共享"选项卡中对共享的文件夹信息、权限进行设置，如图 1-19 所示。

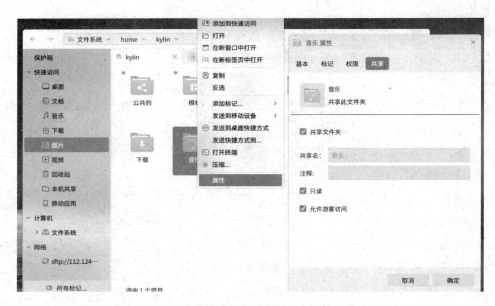

图 1-19　共享文件夹设置

设置共享选项后单击"确认"按钮完成设置共享，窗口会自动关闭，如果单击"取消"按钮则会取消设置。

在同一局域网的另一个系统中，打开计算机目录，查看网上邻居中的项目，找到共享文件的主机名。双击主机名，打开"登录身份"对话框，如图 1-20 所示。

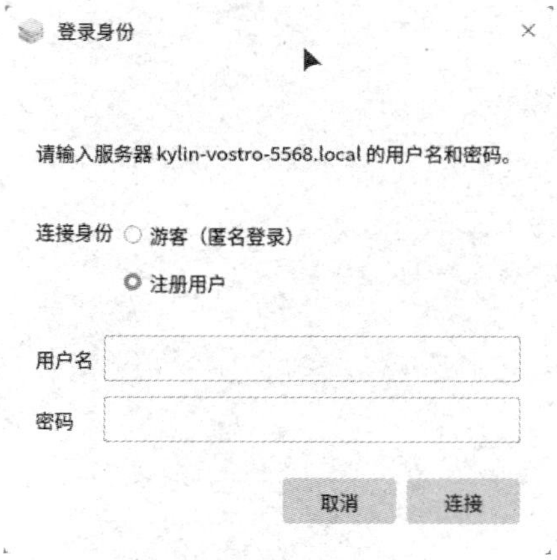

图 1-20　"登录身份"对话框

选择连接身份并输入用户名和密码,单击"连接"按钮后即可看到共享文件夹中的内容,在侧边栏也会显示接入的主机。

如果不想共享该文件夹,可右击文件夹,在"共享"选项卡中取消对"共享文件夹"复选框的勾选。

二、明确工作任务

1. 根据工作情境描述,模拟实际场景并进行沟通交流,通过查询、讨论列出活动策划书文稿需要展示的内容及初始框架,并记录本任务需求的要点。

2. 制作公文稿这类文稿编辑工作,通常采用文字处理软件来完成,常用的文字处理软件有金山办公软件股份有限公司出品的 WPS 办公软件。查阅资料,简要说明 WPS 文字的主要功能。

三、认识 WPS 文字的操作界面

启动 WPS 文字后,其操作界面如图 1–21 所示,界面中各个区域对应的名称和作用见表 1–6。

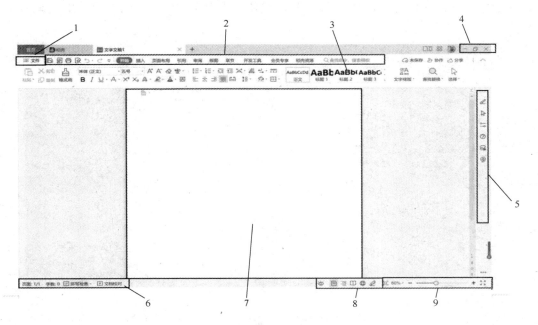

图 1–21　WPS 文字操作界面

表1-6　WPS文字操作界面中各个区域对应的名称及作用

区域	名称	作用
1	文件栏	包括文档的新建、打开、保存、输出其他格式等操作
2	工具栏	包括插入、页面布局、引用等操作
3	文字排版样式	包括标题、目录、正文、批注等操作
4	切换窗口	包括窗口最大化、最小化、向下还原、关闭等操作
5	任务窗格	包括文档的样式、属性、选择等功能区
6	状态栏	可以看到当前文档的字数和页数，单击"字数"按钮可以看到具体的字数统计，还可以快捷打开和关闭"拼写检查"功能
7	文档编辑区	编辑文字
8	视图切换	包括页面视图、护眼模式、大纲、阅读版式、Web版式、写作模式等视图切换
9	页面比例	页面比例缩放

四、了解 WPS 文字的基本操作

回答引导问题，完成相应操作任务。

新建一个空白文稿文件，命名为"庆祝建党百年活动策划书"，并保存在桌面根目录下，然后单击"关闭"按钮，退出 WPS 文字。选择一种文件打开方式，重新将该文件打开。

一般情况下，启动 WPS 文字后，系统会默认新建一个空白文稿。另外，尝试通过窗口左上角"文件"菜单中的各项命令来完成对文件新建、打开、保存等操作，如图 1–22 所示。

图1-22　新建空白文稿

【引导问题】

（1）对于 WPS 文件的新建，除了空白文档，WPS 办公软件还提供了各种文档模板，如图 1-23 所示。尝试用不同的模板新建文件，写出自己对 WPS 办公软件提供模板的理解。

图 1-23　WPS 办公软件提供的模板

（2）扩展名相当于文件的身份证，有了扩展名就能知道文件属于哪一类文件，需要用什么方式打开，而且系统要正确识别文件类型也需要扩展名，如图 1-24 所示。在 WPS 文字窗口中选择"文件"→"打开"命令，可以发现 WPS 文字可以打开多种文件格式的文稿，请在表 1-7 中简要写出 WPS 文字可打开并编辑的常见文件类型及其扩展名，并写出 WPS 文字默认文稿格式的扩展名。

图 1-24　设置文件类型扩展名

表 1-7　WPS 文字适用文件类型

序号	常见文件类型	扩展名
1		
2		
3		
4		
5		
6		
7		
8		

（3）文稿编辑好后，需要通过保存操作将文件存储到硬盘中，否则一旦关机或断电就会造成文件丢失。"文件"菜单中提供了"保存"和"另存为"两个与文件保存相关的命令，尝试操作，并简要写出它们在功能上的区别。

> **小提示：**
>
> 　　为使文件不跑版、不被篡改等，能在多平台原版阅读呈现，保持文件格式高度一致，可将文件另存为版式文件 PDF 格式或 ODF 格式。
>
> 　　PDF 是可携带文件格式（Portable Document Format），是 Adobe 公司设计的跨操作系统平台的电子文件格式，可用在 Windows、UNIX、MacOS 等操作系统中。
>
> 　　ODF 是开放文档格式（Open Document Format），是基于 XML（标准通用标记语言的子集）的文件格式，为试算表、图表、演示文稿和文字处理文件等电子文件而设置。ODF 格式由太阳微系统公司开发，标准由结构化信息标准促进组织 OASIS 制定。

（4）"文件"菜单中的"关闭"和"退出"命令有什么区别？尝试操作并写出答案。

（5）除了通过"文件"菜单进行操作，还可以通过多种方式便捷地实现上述功能。例如，新建文件，还可通过在桌面或任意文件夹工作区域中单击鼠标右键，在弹出的快捷菜单中选择相应命令来完成新建文件。写出各种新建文件方式的具体操作过程。

（6）"保存"和"关闭"功能也可通过 WPS 文字操作界面中的按钮完成。在操作界面中找到这些按钮，并尝试操作。写出"文件"菜单中的"关闭"和"退出"命令与"关闭"按钮之间在功能上的区别。

（7）WPS 办公软件中还提供了丰富的快捷键，可以方便地完成各种常用操作，相关快捷方式见表 1-8。尤其是对于保存操作，编辑文档过程中养成经常使用快捷键对文档进行保存的习惯，既不干扰文档编辑工作，又能及时存储文稿，避免因断电、死机等意外事件发生而导致工作前功尽弃。

表1-8　相关快捷方式

相关操作	快捷方式
新建文档	Ctrl+N 或 Alt+F+N
查找文字、格式和特殊项	Ctrl+F
打开文档	Ctrl+O 或 Alt+F+O
替换文字、特殊格式和特殊项	Ctrl+H
关闭文档	Ctrl+W 或 Alt+W+C
选中整篇文档内容	Ctrl+A
保存当前文档	Ctrl+S 或 Alt+F+S
选定不连续文字	Ctrl+鼠标拖曳
文档另存为	F12 或 Alt+F+A
选定连续文字	鼠标拖曳或 Shift+单击首尾处
打印文档	Ctrl+P 或 Alt+F+P

查阅工具书或检索互联网，了解与文字软件相关的常用快捷键，记录下来并应用在实际操作中。

小提示：

WPS 办公软件的快捷键大多都是通用的，除了 WPS 文字外，在后面学习的 WPS 表格、WPS 演示等通常也适用。

五、熟悉文档的加密功能

在日常工作中，为避免无关人员查看机密文档，需要通过加密的方式对文档进行保存。简要写出为文档加密的方法，并完成以下操作练习。

将"庆祝建党百年活动策划书"文档加密，密码为"123456"，然后关闭文档再重新打开，观察加密后文档的打开方式，如图 1-25 所示。

图 1-25　文档加密设置

学习活动 2　制订计划

学习目标 ● ● ●

1. 能灵活运用文稿编辑方法对文稿进行编辑操作。
2. 能完成文稿的文字格式设置、段落格式设置、页面设置及打印设置。

3. 能完成对图表、文本框、艺术字等元素的制作、添加和编辑等操作。

4. 能根据大纲级别要求完成目录制作。

5. 排版制作过程中能实现图文混排。

6. 能根据任务的目标和要求确定活动策划书公文稿的内容、格式等。

7. 能制作公文稿和制订工作计划。

思政要点 ● ● ●

通过制订、展示和决策计划方案，提升沟通能力。

学习过程 ● ● ●

一、使用文稿录入与编辑

回答引导问题，完成相关操作任务。

（1）在打开的"庆祝建党百年活动策划书"文件中，选择一种输入法，录入以下文字信息，并统计录入的字数及正确率。操作过程中可以采用复制、粘贴等方式来提高操作效率。

（2）录入完成后，将"庆祝"两字批量替换成"纪念"。

庆祝建党百年活动策划书

2021 年的"七一"是中国共产党建党 100 周年纪念日，在这一节日到来之际，我们要认真学习党的十九大精神，在自己的本职岗位上创优争先、强力促进中国特色社会主义事业的建设。为进一步营造优良的氛围，不断激励和引导广大党（团）员、干部参加公司组织的各项工作及一系列庆祝活动，现将有关活动策划如下。

一、活动主题

为庆祝建党 100 周年，回顾党的光辉历程、讴歌党的丰功伟绩，切实促进"不忘初心、牢记使命"主题教育落实，公司党委决定在 6 月下旬至 7 月，广泛开展"不忘初心，重温党的光辉岁月；岗位建功，发挥党员表率作用"为主题的系列活动。

二、活动原则

坚持隆重、特色、实效的原则，广泛宣传党的光辉历程、伟大成就和优良传统，引导广大党（团）员、干部更加热爱党、拥护党，继承和发扬党的光荣传统，进一步强化党性修养，激发开拓进取的工作热情，培育追求一流的精神风貌。活动采取集中组织和自行组织相结合的办法进行。

三、活动内容

阶段一：庆祝建党系列活动（6月27日至7月1日）

一是召开一次专题座谈会。以"回忆入党初衷坚定理想信念"为主题，组织召开座谈会，党员结合自身实际，讲述"我的入党故事"，公司领导总结讲评后，组织重温入党誓词。

时间：6月27日上午

地点：会议室

参加人员：全体党员

内容：1.召开座谈会；2.领导讲评；3.领读入党宣誓。

二是组织一次知识竞赛。结合"不忘初心、牢记使命"主题教育，组织一次党章党史知识竞赛，引导党（团）员、干部学史明理、学史增智，进一步强化政治意识，掀起学习党章党史的热潮。

时间：6月27日中午

地点：会议室

参加人员：全体党员

内容：以"不忘初心、牢记使命"主题教育学习内容为基础，在应知应会内容中抽50道填空题，以党小组为单位参赛，采取全员抢答方式实施方案，现场发放奖品。

三是组织一次党（团）员奉献日活动。积极响应市文明办号召，以共产党员服务队为主体，组织人员开展义务劳动，清理部分卫生死角，以实际行动为群众服务，全力配合创建"文明城市"。

时间：6月27日下午

地点：街道

参加人员：党员、团员

内容：组织义务劳动，净化市容市貌

阶段二：追本溯源学党史（7月2日至7月5日）

阶段三：对照标准找差距（6月18日至7月5日）

阶段四：凝心聚力加油干（7月5日至7月10日）

四、有关要求

（一）加强领导，提高认识。要正确认识纪念建党庆祝活动的重大意义，召开支部会，组织党（团）员、干部认真学习有关文件精神，指定专人组织实施，确保活动顺利进行。

（二）结合实际，彰显特色。要结合实际，精心设计活动载体，创新活动形式，把纪念活动落实到每一名共产党员，确保活动真正取得实效。

（三）注重宣传，营造氛围。要充分运用灵活多样的宣传方式，大力宣传党的光荣历史，展现党的辉煌历程，营造浓厚的宣传氛围，推动各项活动的深入开展。

【引导问题】

1. 键盘上只有英文字母、数字和一些符号，无法直接录入汉字，这时就需要借助汉字输入法来完成。汉字输入法的基本功能就是根据汉字的音、形、义等要素，使用键盘上的字符为汉字编码，使用户通过输入相应编码实现对应汉字的输入。常用的编码方法主要有按读音编码和按字形编码两大类。观察表 1-9 列出的图标标志，查阅资料，写出它属于哪种汉字输入法，是按照什么方式进行编码的。

表 1-9　输入法介绍

输入法图标	输入法名称	主要编码方式
S（红色图标）		
S（绿色图标）		
W		

2. 使用计算机编辑文稿，可以根据需要随时对文字进行复制、粘贴、移动、删除等操作，大大地提高了工作效率。

（1）对于复制和移动（剪切）操作，首先选中需要编辑的文字，然后在其上面单击鼠标右键，在弹出的快捷菜单中即可找到相应命令。除了选择任意字符，检索资料，尝试对整行、整段、全文进行选择的快捷操作，并完成表 1-10 的填写。

表 1-10　WPS 文字"选择"快捷操作方式练习

示例	选择文字方式	操作方法
2021 年的"七一"是中国共产党建党 100 周年纪念日，在这一节日到来之际，我们要认真学习党的十九大精神，在自己的本职岗位上创优争先、强力促进中国特色社会主义事业的建设。为进一步营造优良的氛围，不断激励和引导广大党（团）员、干部参加公司组织的各项工作及一系列庆祝活动，现将有关活动策划如下。	选择多个连续字符	
为庆祝建党 100 周年，回顾党的光辉历程、讴歌党的丰功伟绩，切实促进"不忘初心、牢记使命"主题教育落实，公司党委决定在 6 月下旬至 7 月，广泛开展"不忘初心，重温党的光辉岁月；岗位建功，发挥党员表率作用"为主题的系列活动。	选择整行	
二、活动原则 坚持隆重、特色、实效的原则，广泛宣传党的光辉历程、伟大成就和优良传统，引导广大党员干部更加热爱党、拥护党，继承和发扬党的光荣传统，进一步强化员工党性修养，激发开拓进取的工作热情，培育追求一流的精神风貌，活动采取集中组织和自行组织相结合的办法进行。	选择整段	

续表

示例	选择文字方式	操作方法
庆祝建党百年活动策划书 2021 年的"七一"是中国共产党建党 100 周年纪念日，在这一节日到来之际，我们要认真学习党的十九大精神，在自己的本职岗位上创优争先、强力促进中国特色社会主义事业的建设。为进一步营造优良的氛围，不断激励和引导广大党（团）员、干部参加公司组织的各项工作及一系列庆祝活动，现将有关活动策划如下。 一、活动主题 为庆祝建党 100 周年，回顾党的光辉历程、讴歌党的丰功伟绩，切实促进"不忘初心、牢记使命"主题教育，公司党委决定在 6 月下旬至 7 月，广泛开展"不忘初心、重温党的光辉岁月；岗位建功，发挥党员表率作用"为主题的系列活动。	选择全文	

（2）对选中文本执行复制或剪切操作后，将光标移到待插入处，单击鼠标右键，在弹出的快捷菜单中选择相应的粘贴命令即可完成粘贴操作。WPS 文字中提供了多种粘贴方式，如图 1-26 所示，查阅资料并尝试操作，写出三种粘贴方式的区别。

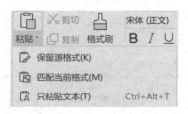

图1-26　粘贴方式

（3）除快捷菜单外，还可以通过快捷键更方便地完成这些操作，查阅资料，用直线连接下述命令与其对应的快捷键，并在软件中尝试操作。

复制	Ctrl+V
剪切	Ctrl+C
删除	Ctrl+X
粘贴	Ctrl+F
查找	Ctrl+H
替换	Delete

3. 进行文字录入时，有时会遇到一些通过键盘操作无法直接录入的字符，如"®""◎"等，尝试在文字中插入以上字符，总结字符插入方法并记录下来。

4. 进行文字录入时，有时会需要录入系统的当前日期和时间，除自行手动录入外，WPS 文字软件还提供了快速输入的方法。查阅资料，简要说明操作方法。

5. 在 WPS 文字中，提供了对文稿字数进行统计的功能，简要写出其操作方法，并对比统计结果中各项数据的含义。

6. 按要求完成文稿录入，用 WPS 文字统计这段文字的字数，记录下来，并对文字进行校对，按照"正确率=正确字数/总字数"这一公式计算录入文字正确率。

7. 在文稿编辑过程中，有时需要在大量文字中找到某段特定的文字，有时需要将某些文字统一替换为另外的内容，这时，利用 WPS 文字的"查找和替换"功能就可以便捷地完成，如图 1-27 所示。简要写出"查找和替换"功能的菜单路径，并写出对应的快捷键。

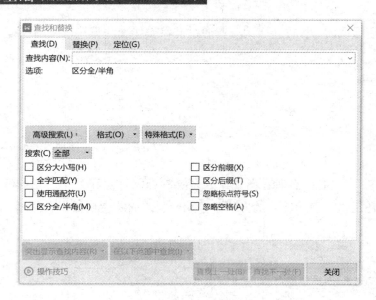

图1-27　WPS 文字的"查找和替换"功能

8. 除了逐一替换具体的文字，WPS 文字还支持使用通配符，即使用"*"或"?"代替任意字符进行模糊查找。查阅资料并在软件中尝试，简要说明"*"或"?"两个通配符的功能差别。

二、调整文稿格式设置

回答引导问题，然后完成相关操作任务。

打开"庆祝建党百年活动策划书"文件，对文件内容进行设置，设置要求如下。

（1）题目：方正小标宋简体，二号，居中对齐，加粗。

（2）一级标题：黑体，三号（不加粗）。

（3）二级标题：楷体_GB2312，三号，加粗。

（4）三级标题：仿宋_GB2312，三号，加粗。

（5）正文：仿宋_GB2312，三号，文本左对齐，首行缩进 2 字符。

（6）行间距：固定值 27 ~ 32 磅。

（7）落款：字体为楷书，字号为三号，对齐方式为文本右对齐，段间距为段前 0.5 行、段后 0.5 行。

（8）页面布局设置：纸张为 A4，页边距为上 2.5cm、下 2.5cm、左 3cm、右 3cm，纸张方向为纵向。

（9）打印文稿：份数为 8，双面打印，打印所有页。

【引导问题】

1. 字体设置

（1）为了使文稿美观，在文稿编辑中常需要对文稿中的文字进行字体设置。字体的设置包括字体类型、字号、字形等。对字体的设置，可以通过选中文字并右击后，在弹出的快捷菜单中进行设置，或者通过"开始"选项卡"字体"组中的各个按钮实现快速设置，如图 1-28 所示；也可通过如图 1-28 所示的扩展按钮或右键弹出的快捷菜单，打开如图 1-29 所示的"字体"对话框进行详细设置，在软件中尝试找到相应功能。

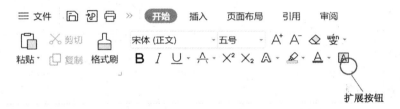

图 1-28　字体快速设置栏

图 1-29　"字体"对话框

（2）根据"开始"选项卡"字体"组中的各个命令按钮的提示，写出下列命令按钮的功能作用，见表 1–11。

表 1–11　"字体"组命令按钮及功能作用

命令按钮	功能作用
宋体 ▾	
五号 ▾	
A⁺	
A⁻	
◇	
文 ▾	
Aa ▾	
ⓐ ▾	
B	
I	
U ▾	
A̲ ▾	
X²	
X₂	
A ▾	
◢ ▾	
A ▾	
A	

（3）写出示例中所使用的字体格式，并在"庆祝建党百年活动策划书"的原文中进行操作练习，见表1-12。

表1-12　字体格式练习

示例	字体格式
为庆祝建党100周年，回顾党的光辉历程、讴歌党的丰功伟绩，切实促进**"不忘初心、牢记使命"**主题教育落实，公司党委决定在6月下旬至7月，广泛开展以"不忘初心，重温党的光辉岁月；岗位建功，发挥党员表率作用"为主题的系列活动。	
为庆祝建党100周年，回顾党的光辉历程、讴歌党的丰功伟绩，切实促进*"不忘初心、牢记使命"*主题教育落实，公司党委决定在6月下旬至7月，广泛开展以"不忘初心，重温党的光辉岁月；岗位建功，发挥党员表率作用"为主题的系列活动。	
为庆祝建党100周年，回顾党的光辉历程、讴歌党的丰功伟绩，切实促进"不忘初心、牢记使命"主题教育落实，公司党委决定在6月下旬至7月，广泛开展以"不忘初心，重温党的光辉岁月；岗位建功，发挥党员表率作用"为主题的系列活动。	
为庆祝建党100周年，回顾党的光辉历程、讴歌党的丰功伟绩，切实促进"不忘初心、牢记使命"主题教育落实，公司党委决定在6月下旬至7月，广泛开展以"不忘初心，重温党的光辉岁月；岗位建功，发挥党员表率作用"为主题的系列活动。	
为庆祝建党100周年，回顾党的光辉历程、讴歌党的丰功伟绩，切实促进"不忘初心 牢记使命"主题教育落实，公司党委决定在6月下旬至7月，广泛开展以"不忘初心，重温党的光辉岁月；岗位建功，发挥党员表率作用"为主题的系列活动。	

2. 段落设置

（1）在文稿编辑中还需要对文稿段落的格式进行设置，可通过"开始"选项卡"段落"组的相关命令实现，其使用方法与"字体"工具组类似。请在软件中尝试找到相应功能。

（2）在文稿排版时，常需要在每段开头空两格，此时可以使用段落设置中的首行缩进功能实现，如图1-30所示。除首行缩进外，文字软件中的段落缩进方式还有哪几种？请在软件中练习设置，并体会如何设置参数。

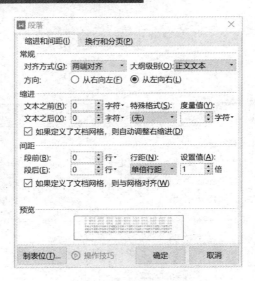

图 1-30　段落设置

（3）在文稿排版过程中，还可灵活设置段落前后间距和行距、对齐方式、项目符号和编号等功能，实现所需要的格式要求。请在功能区或快捷菜单中找到相应选项，尝试操作，体会其功能效果，并回答以下问题。

①　是否勾选"如果定义了文稿网格，则与网格对齐"复选框在效果上有哪些差别？

②　左对齐、两端对齐、分散对齐在效果上有哪些差别？

③　设置了自动项目符号和编号后，如何自动生成次一级的项目符号或编号？

（4）写出表 1–13 方框所圈部分采用的段落格式，并在文档中进行操作。

表 1-13 段落格式设置操作练习

缩进示例	段落格式
☐ 一是召开一次专题座谈会。以"回忆入党初衷坚定理想信念"为主题，组织召开座谈会，党员结合自身实际，讲述"我的入党故事"，公司领导总结讲评后，组织重温入党誓词。	
一是召开一次专题座谈会。以"回忆入党初衷坚定理想信念"为主题，组织召开座谈会，党员结合 ☐ 自身实际，讲述"我的入党故事"，公司领导总结讲评后，组织重温入党誓词。	
☐ 加强领导，提高认识。要正确认识纪念建党庆祝活动的重大意义，召开支部会，组织党员、干部认真学习有关文件精神，指定专人组织实施，确保活动顺利进行。 结合实际，彰显特色。要结合实际，精心设计活动载体，创新活动形式，把纪念活动落实到每一名共产党员，确保活动真正取得实效。	
1）加强领导，提高认识。要正确认识纪念建党庆祝活动的重大意义，召开支部会，组织党员、干部认真学习有关文件精神，指定专人组织实施，确保活动顺利进行。 2）结合实际，彰显特色。要结合实际，精心设计活动载体，创新活动形式，把纪念活动落实到每一名共产党员，确保活动真正取得实效。	

（5）利用"段落"组中的"中文版式"各个选项，可以实现多种特殊的版式效果。在软件中尝试多种版式设置，并描述不同版式效果的区别。

（6）根据段落格式，写出下列命令按钮的功能，见表 1-14。

表 1-14 段落设置命令按钮及其功能

命令按钮	功能
≔ ▼	
1≝3 ▼	
⇤☰	
⇥☰	
⌃ ▼	
⮿	
↩ ▼	

续表

命令按钮	功能
⌐⊤⊤⌐	
≡	
≡	
≡	
≡	
|↔|	
↕≡ ▾	
▱ ▾	
⊹ ▾	

3. 页面设置

（1）为了使打印输出的页面布局美观，并与打印纸张良好配合，需要对文稿页面进行设置。找到"页面设置"命令的位置，对照如图 1-31 所示的"页面设置"对话框进行设置，体会设置的功能效果，并在表 1-15 中写出图 1-31 所对应各区域的作用。

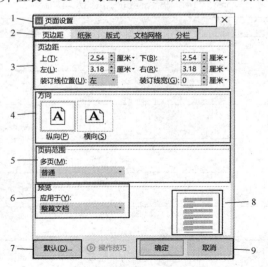

图 1-31 "页面设置"对话框

表 1-15　"页面设置"对话框各区域的作用

序号	作用
1	
2	
3	
4	
5	
6	
7	
8	
9	

（2）写出表 1-16 中页面设置命令按钮的功能。

表 1-16　页面设置命令按钮及其功能

命令按钮	功能
‖↕A 文字方向˅	
页边距˅	
纸张方向˅	
纸张大小˅	
分栏˅	
分隔符˅	
¹₂ 行号˅	

4.　表格操作

（1）在活动策划中有些流程安排信息用表格表示会更加清晰明确。WPS 文字中提供了丰富的表格设计与编辑功能，用户可以方便地绘制各种表格。学习表格相关功能的基本用法，回答引导问题，完成下述操作任务。

制作如图 1-32 所示效果的课程表，课程表制作要求见表 1-17。

课　程　表

班级：初三一班

节＼星期	星期一	星期二	星期三	星期四	星期五
1	语文	语文	语文	数学	英语
2	英语	数学	数学	语文	语文
3	数学	物理	物理	政治	物理
4	历史	体育	英语	英语	历史
5	体育	英语	健康	化学	数学
6	政治	化学	化学	美术	音乐

图 1-32　课程表示例

表 1-17　课程表制作要求

项目	字体	字号	字形	对齐方式
表头"课程表"	黑体	二号	加粗、双下画线	居中
"班级：初三一班"	楷体	五号	—	首行缩进 2 个字符
表内文字	楷体	五号	—	居中、绘制斜线

①在文字文稿中，创建表格有多种方法，尝试不同的创建表格方法，对比几种方法的特点及其区别，并补齐表 1-18。

表 1-18　创建表格操作方法

序号	图示	操作方法
1		单击"插入"选项卡中的_____，拖曳鼠标达到需要的行数和列数，松开鼠标
2		单击"插入"选项卡中的_____，在弹出的下拉菜单中选择_____，在弹出的对话框中输入所需列数、行数等信息，单击"确认"按钮

续表

序号	图示	操作方法
3	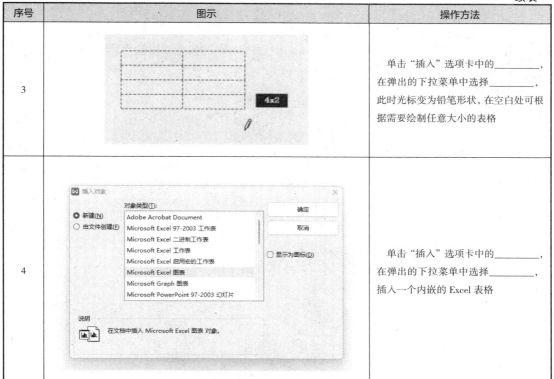	单击"插入"选项卡中的_____，在弹出的下拉菜单中选择_____，此时光标变为铅笔形状，在空白处可根据需要绘制任意大小的表格
4		单击"插入"选项卡中的_____，在弹出的下拉菜单中选择_____，插入一个内嵌的 Excel 表格

小提示：

在编辑表格时，有时需要在单元格内绘制斜线。例如，在表格的左上角，可以通过"绘制表格"功能来实现。

②表格创建完成后，有时需要对表格中的行、列、单元格等进行编辑操作。在文字文稿中，单击待编辑表格中的任意区域，在功能区中将出现"表格工具"选项卡，在该选项卡中可找到"删除""插入""合并单元格""拆分单元格"等按钮，还可对单元格的高度、宽度进行设置。查看相关菜单并尝试使用，尝试各个功能的用途和用法。

③文字文稿中还提供了一些自动功能，方便表格布局，如"自动调整""对齐方式"等。查看相关菜单并尝试使用，体会各个功能的用途和用法，简要说明它们分别可实现什么功能。尝试手动调节表格或单元格的高度、宽度。

（2）为使表格更加美观，常常需要对表格进行一些简单的美化，如铺设底纹、改变表格边框线型等，学习相关操作方法。

5. 自选图形的插入及设置

WPS 文字中提供了一些预设的图形图片，可以制作一些简单的图形效果，以满足文稿制作的需要。尝试图形效果、添加文字、多图形操作等功能。

按下列要求，绘制如图 1-33 所示的红旗图形。

1）旗杆为黑色，旗面为"渐变填充"效果，体现立体效果。

2）旗面图形为"波形"，填充为红色，无边线。

3）组合旗杆和旗面图形，并设置旗面"发光和柔化边缘"

图 1-33 绘制红旗图形   效果。

（1）在"插入"选项卡中单击"形状"按钮，出现如图 1-34 所示的图形列表。

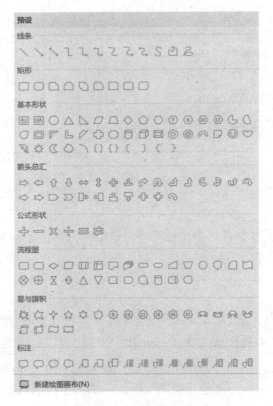

图 1-34 图形列表

单击所需图形，在编辑区域内按住鼠标左键，拖曳至合适大小即可创建图形。插入图形的大小和形状是可以任意调节的，在图形上的不同位置，有实心圆形、空心圆形、正方形、菱形四种标记点，按住鼠标左键并拖曳标记点即可进行调整。尝试插入不同的图形，并调整其形状和大小，简要说明四种标记点在功能上的区别，见表 1-19。

表1-19　图形标记点区别

图形标记点	区别
实心圆形	
空心圆形	
正方形	
菱形	

（2）当图形绘制好后，在部分图形内还可输入文字，其方法为选择该图形，在图形上单击鼠标右键，在弹出的快捷菜单中选择"添加文字"命令，输入文字即可。有时需要对图形进行简单的修饰，如设置图形边线或填充等效果，其方法为选择图形，在图形上单击鼠标右键，在弹出的快捷菜单中选择"设置对象格式"命令，此时出现"属性"窗格，根据需要进行图形格式设置即可，如图1-35所示。

图1-35　图形格式设置

（3）当需要绘制的图形由多个小图形拼合在一起时，就需要对多个图形进行组合操作，其操作方法是：选中多个需要放在一起的图形，在其上单击鼠标右键，在弹出的快捷菜单中选择"组合"命令，即可实现图形组合。

组合在一起的图形也可拆分，即取消组合，其操作步骤是：选中需要解组的图形，在其上单击鼠标右键，在弹出的快捷菜单中选择"组合"命令，在级联菜单中选择"取消组合"按钮，即可取消图形组合。

以上操作中涉及同时选中多个图形的操作，而直接单击左键只能选中其中一个。查阅帮助或通过互联网检索，简要说明同时选中多个图形的操作方法，并在计算机中实际操作练习。

6. 文本框和艺术字的插入及设置

除直接输入文字之外，为了实现灵活的排版效果或美观的艺术效果，有时还需要使用文本框和艺术字，尝试不同样式的显示效果，并简要说明实现方法。

> **小提示：**
>
> 可用上述类似方法实现图片的插入及设置。

7. 页面背景设置

编辑文稿时，有时需要对整个页面背景进行设置。在 WPS 文字中，页面背景通过"页面布局"选项卡中的相关命令进行设置。查询帮助文件或通过互联网检索，尝试各种页面背景设置操作。

8. 目录的制作

WPS 文字可以根据文稿内容结构自动生成目录，从而避免了手动编排容易出现的目录与正文不一致的情况。通过"引用"选项卡"目录"下拉菜单中的相关命令即可实现目录的插入，既可以使用文字文稿预设的几种目录样式，也可以自行编辑。

三、文稿的批注和修订操作

在 WPS 文字软件编辑、审阅过程中，如需在不改变内容本身的情况下对其中内容进行批注说明，可使用"审阅"选项卡中的"批注"功能；如需对内容进行更改且留下修改痕迹，可使用"修订"功能进行修订操作，如图 1-36 所示。实际尝试相关功能，回答以下问题。

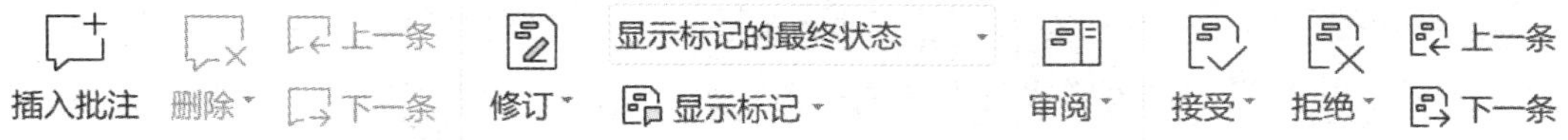

图 1-36　批注和修订操作

（1）对于修订，WPS 文字支持哪几种显示方式？

（2）WPS 文字是否支持多人对文稿进行批注、修订并区分不同人的修改痕迹？如何区分？

（3）为避免页面过于杂乱，有时需要只显示一部分修订或批注内容。若仅显示插入和删除的文字，不显示格式设置的修改等，应如何设置？若只需显示某个人的修订和批注痕迹，应如何设置？

四、确定文稿内容格式要求

1. 查询资料或通过互联网检索公文稿撰写格式及要求，学习《党政机关公文格式》等国家标准文件，搜集公文稿实例，对比各自的格式特点，总结并向全班展示各自的查询结果，写出公文稿内容及格式要求的要点。

2. 结合搜集到的实例和要求，根据任务描述，设计本任务活动策划书中标题、目录、正文、落款、页面设置等公文稿各部分的格式，见表 1-20。

表 1-20　活动策划书格式要求

序号	组成部分	格式要求	实现情况
1	标题	字体：　　　　字形：　　　　字号： 段间距：　　　　　　　行距： 段落缩进： 对齐方式： 其他格式要求：	
2	目录	字体：　　　　字形：　　　　字号： 段间距：　　　　　　　行距： 段落缩进： 对齐方式： 其他格式要求：	
3	正文	字体：　　　　字形：　　　　字号： 段间距：　　　　　　　行距： 段落缩进： 对齐方式： 其他格式要求：	
4	落款	字体：　　　　字形：　　　　字号： 段间距：　　　　　　　行距： 段落缩进： 对齐方式： 其他格式要求：	
5	页面设置	页边距： 上：　　　　下： 左：　　　　右： 纸张：　　　　纸张方向：	

3. 公文稿参考示例。

XXX 公司电路整修及停电通知

各部门负责人：

我单位电路年久失修，导致近期时常出现断电故障，未恢复用电畅通，保障各部门用电需要，定于 6 月 2 日一天进行停电整修，请各部门提前做好准备工作。

×××公司办公室

2022 年 5 月 19 日

五、制订工作计划

小组人员做好分工和职责安排，分工可根据进度由组长安排一人或多人完成，应保证每人在每个时间段都有任务，既要锻炼团队合作能力，又要让小组每位成员都能独立完成这项任务。小组任务分工表见表 1-21。

表 1-21 小组任务分工表

小组人员		职责
组长		人员工作安排及行动指挥
组员		撰稿
		搜集资料和资料整理
		公文稿录入
		公文稿格式设置及文稿打印
		公文稿校对及修改
		成果展示及验收

注：小组人员分工可根据进度由组长安排一人或多人完成，应保证每人在每个时间段都有任务，既要锻炼团队合作能力，又要让小组每位成员都能独立完成这项任务。

学习活动 3　实施作业

学习目标 ●●●

1. 能理解视图模式，并能够使用常用的视图模式。
2. 能撰写活动策划书文稿并正确录入文稿信息。

3. 能完成文稿的字符格式设置。

4. 能完成文稿的段落格式设置。

5. 能完成页面格式设置。

6. 能根据公文稿设置要求，对文稿进行审核、校对。

7. 能根据任务实施过程填写工作日志。

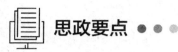 **思政要点** ● ● ●

通过公文规范制作策划书，强化规范意识。

学习过程 ● ● ●

一、选择合适的视图模式

在工具栏中找到"视图"选项卡，尝试不同的视图模式效果，如图 1–37 所示，了解并熟悉不同视图模式的区别、适用场合及操作方式。

图 1-37 视图模式设置

二、撰写活动策划书公文稿

根据学习活动 2 总结的公文稿撰写格式及要求撰写活动策划书公文稿。

三、新建及保存文稿

在桌面"办公文稿制作"文件夹中新建文字文稿，命名为"庆祝建党百年活动策划书.docx"。

小提示：

　在文稿录入和编辑的过程中应随时保存，避免出现因死机或断电导致文件丢失的情况。

四、录入及核对文稿内容

在文字文稿中录入拟好的活动策划书公文稿，注意日期使用插入自动日期的方式完成。描述录入所选用的输入法是_____。录入完成后，核对录入的文字正确率（正确率= 正确字数/总字数），文字正确率为_____。

五、设置公文文稿格式

根据任务要求和工作计划完成活动策划书公文稿的格式设置。将实现情况做好记录，通常在制作过程中，会根据实际情况对原有计划进行调整。随着页面制作，将调整方案做好简要记录。

六、打印设置与输出

1. 打印是指将已设置好的文件通过打印机输出，文稿打印设置如图 1-38 所示。打开"打印"对话框，熟悉各个设置的功能。

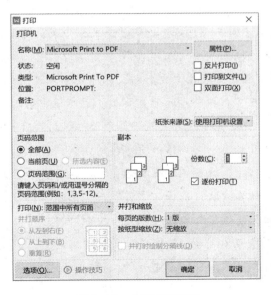

图 1-38　文稿打印设置

2. 如需将一份文稿中的第 5～10 页打印三份，并设置缩放，使每面纸上打印两页内容，纸张使用 A4 纸，应如何设置参数？

3. 以小组为单位，展示完成的文字文稿任务，互相点评，指出其在字体设置、段落设置、页面设置等软件使用方面的优缺点。

小提示：

（1）打印当前页面。如果用户不需要将整篇文档都打印出来，只打印其中某一页内容，可以先将光标定位到该页上，然后选择"文件"→"打印"→"设置"→"打印当前页面"选项。

（2）打印所选内容。如果用户只需打印其中某段内容。可以选中文档中需要打印的内容，然后选择"打印"→"设置"→"打印所选区域"选项即可。

（3）打印指定范围。如果用户只想打印长篇文档中的第 4 页到第 6 页，可以在"打印"对话框中的"页数"输入框中输入"4-6"。

（4）打印不连续页面。如果用户要打印文档中几个不连续的页面，如第 2 页、第 4 页、第 9 页，那么可以在"打印"页面的"页数"文本框中输入"2，4，9"。

（5）逆序打印，文字文稿打印是从第一页开始打印到最后一页，打印出来最上面的纸张，就是从最后一页开始，一直到第一页。这时候，用户就需要手动一页一页调整顺序。如果设置成了逆序打印，就不会那么麻烦了，从最后一页开始打印，打印完成后，最上面刚好是第一页。设置方法：选择"文件"→"选项"→"打印"选项，然后勾选其中的"逆序打印页面"复选框并单击"确定"按钮即可。

（6）双面打印分为手动和自动，若选择双面打印文件时，可采用 80g/㎡ 型号的纸张；若选择单面打印文件时，可采用 70g/㎡ 型号的纸张。

4. 学习《校对符号及其用法》等国家标准文件，熟悉常用的校对符号，将其外形和功能记录下来。

5. 将活动策划书公文稿打印输出，使用校对符号进行校对，依照校对稿修改后打印最终稿。

> **小提示：**
>
> 本地打印是指通过相关驱动程序和配置程序，在计算机上直接设置的打印机配置工具。本地打印机可供本机使用，也可远程使用。网络打印相对于本地打印，指的是打印机并不连接在需要打印的计算机上，而是通过局域网将数据传输给打印服务器，从而实现打印功能的一种工作方式。共享打印是用得最多的一种打印服务器方式，它的工作原理是把直接连接打印机的一台计算机配置成打印服务器。打印机设置成共享设备，网络上的用户就可以通过与计算机的连接，共享该计算机的打印设备。

七、记录问题及解决方法

在以上操作过程中，将所遇问题及解决方法做好记录，见表 1-22。

表 1-22　所遇问题及解决方法记录表

所遇问题	解决方法

八、填写工作日志

日志工作表见表 1-23。

表 1-23　工作日志表

序号	日期	时间	工作内容	指导教师意见
1				
2				
3				
4				
5				
6				
7				
8				
9				

学习活动 4　质量检查及验收

 ## 学习目标 ●●●

1. 能检验活动策划书文稿内容与格式的正确性。
2. 能根据修改意见对文稿进行修改。
3. 能按工作流程交付主管确认验收。

 ## 思政要点 ●●●

通过总结评价，培养敬业精神，强化精益求精的意识。

学习过程 ●●●

一、质量检查

1. 根据打印出的公文稿对文字正确率、标题、正文、落款、页面布局等部分进行检查校对，并将信息填入相关核对表，见表 1–24。

表 1–24　文稿校对信息表

检查序号	检查项	根据完成情况或完成项目在相应选项位置标记"√"	改进措施
1	文字正确率	□100%　　□100% 以下	
2	标题	□字体　　□字号　　　□对齐方式 □字形　　□文本效果	
3	正文	□字体　　□字号　　　□对齐方式 □缩进方式　□行间距	
4	落款	□字体　　□字号　　　□对齐方式	
5	页面布局	□页边距　　□纸型　　　□方向	
6	图形、图片、表格、艺术字等元素的运用	□运用了图片　　□运用了图形 □运用了表格　　□运用了艺术字 □图片等元素经处理后使用	

检查序号	检查项	根据完成情况或完成项目 在相应选项位置标记"√"	改进措施
7	目录	□自动生成目录　□目录能更新 □手动生成目录　□目录设置格式合理 □未正确生成目录	
8	文稿排版	□完成页眉、页脚设置 □完成页码设置 □完成页面纸张、方向设置 □完成装订线设置 □完成页边距设置	

2. 公文稿修改。根据上表检查情况，对于发现的问题及提出的改进措施独立进行修改，修改后再次校对直至完全正确，打印最终版本的文稿。

二、交接验收

根据任务工作情境，以角色扮演形式进行解说。展示活动策划书公文稿完成效果，逐项核对任务要求，完成交接验收，并填写任务验收表，见表 1-25。

表 1-25　任务验收表

验收项目	验收要求	第一次验收	第二次验收
公文稿撰写	公文稿撰写格式正确，撰写内容符合客户要求	□通过 □未通过 整改措施：	□通过 □未通过
公文稿录入	正确率 100%	□通过 □未通过 整改措施：	□通过 □未通过

续表

验收项目	验收要求	第一次验收		第二次验收
公文稿格式设置	格式设置符合公文稿格式设置要求，设置效果好	□通过 □未通过		□通过 □未通过
		整改措施：		
公文稿页面设置	页面设置合理，整体布局美观，符合客户需求	□通过 □未通过		□通过 □未通过
		整改措施：		
客户检查情况	□合格　　　□不合格 □较好，但有待改进	客户签字：		客户签字：

小提示：

　　验收是综合评定活动策划书公文稿制作过程质量检验的最后环节。在制作公文稿时要严格按照标准要求进行制作，在制作过程中合理的分工能高效地完成工作任务，对不同意见和建议要虚心听取，结合评价及时记录商议改进措施，圆满完成任务。

三、总结评价

　　按照"客观、公正和公平"原则，在教师的指导下以自我评价、小组评价和教师评价三种方式对自己和他人在本学习任务中的表现进行综合评价。考核评价表见表1-26。

表1-26　考核评价表

班级			学号			姓名		
评价项目	评价标准		评价方式			权重	得分小计	总分
			自我评价	小组评价	教师评价			
职业素养与关键能力	1．能按规范执行安全操作规程； 2．能参与小组讨论，相互交流； 3．能积极主动、勤学好问； 4．能清晰、准确表达					40%		
专业能力	1．能熟练使用 WPS 文档操作方法对文档进行操作； 2．能灵活运用 WPS 文档编辑方法对文本进行编辑操作； 3．能灵活运用 WPS 文档格式设置方法对文本进行编辑操作； 4．能熟练完成 WPS 文档页面设置及打印操作； 5．能熟练完成表格制作及设置； 6．能完成图形、图片、文本框、艺术字等元素添加及设置； 7．能根据大纲级别要求完成目录制作； 8．具有图文混排编辑的能力					60%		
综合等级			指导教师签名			日期		

填写说明：

1．各项评价采用 10 分制，根据符合评价标准的程度打分。

2．得分小计按以下公式计算：

得分小计=（自我评价 ×20% +小组评价 ×30% +教师评价 ×50%）×权重。

3．综合等级按 A（9≤总分≤10）、B（7.5≤总分<9）、C（6≤总分<7.5）、D（总分<6）四个级别填写。

学习任务二

产品销售报表制作

学习目标

1. 能通过与相关责任人沟通后明确工作任务，并准确概括、复述任务内容及要求。
2. 能描述 WPS 表格功能和操作界面各部分的作用。
3. 能熟练操作 WPS 表格来制作表格并录入任务信息。
4. 能完成 WPS 表格的格式设置、页面设置及打印操作。
5. 能搜集和整理资料并进行数据录入。
6. 能描述 WPS 表格公式的基本结构和功能，熟练使用单元格的各种引用方法、函数和公式进行各种统计分析运算。
7. 能描述函数的结构、类型和功能，熟练使用 WPS 表格常用内部函数。
8. 能熟练创建和保存图表，并完成图表各选项的设置和修改。
9. 能完成对数据表的排序、筛选、分类汇总、合并计算等操作。
10. 能对表格数据进行审核、校对。
11. 能填写工作日志，并完成质量检查及验收。

建议学时

12 学时

工作情境描述

　　某公司销售部对销售的产品进行统计分析，建立产品销售台账，现需要工作人员在WPS表格中设计台账格式，完成台账信息录入、排版和统计，并对数据进行分析。

　　工作人员从销售部主任处获取任务单，与主任沟通了解工作要求，在WPS表格中设计台账格式，并完成台账信息录入、排版和统计，核对信息与格式无误后，交付销售部主任确认，打印盖章后交至财务处，填写工作日志。

 工作流程与活动

● 学习活动 1　明确任务和知识准备

● 学习活动 2　制订计划

● 学习活动 3　实施作业

● 学习活动 4　质量检查及验收

学习活动 1　明确任务和知识准备

学习目标 ● ● ●

1. 能通过与客户和业务主管等相关人员的专业沟通后明确工作任务，并准确概括、复述任务内容及要求。
2. 能熟练运用 WPS 表格制作电子台账。
3. 能描述 WPS 表格功能和操作界面各部分的作用。
4. 能熟练操作 WPS 表格并正确录入任务信息。
5. 能搜集整理资料并完成数据的录入。

思政要点 ● ● ●

通过台账任务学习，建立记账、成本和收益观念，培养规划意识。

学习过程 ● ● ●

一、明确工作任务

1. 台账是指摆放在台上供人翻阅的账簿，它包括文件、工作计划、工作汇报。记账目的是记录个人或单位日常的收支明细，资产增减等经济业务信息。记账的好处是通过数据来了解资金的来龙去脉，更好地反映企业的经营效果，并为经济管理及投资决策提供依据等。随着计算机的广泛应用，现在很多单位不再用手工做纸质台账，而用计算机做台账，把数据录入到计算机中，这种方式叫作"电子台账"。计算机做台账能够实现自动计算、统计汇总、绘制表格和美观设定等功能，提高了数据质量和工作效率。

2. 根据工作情境描述，模拟实际场景与相关人员进行沟通交流，通过查询和讨论，列出 WPS 表格需要体现的内容与布局，以及列出产品销售情况统计与分析内容，并记录本任务销售部主任的需求及要点。

3. 根据销售部主任的需求，可选用 WPS 表格完成该项工作。查阅资料，简要说明该软件有哪些功能适合进行产品销售情况统计与分析。

二、认识 WPS 表格的操作界面

启动 WPS 表格后，操作界面如图 2-1 所示。根据图示在表 2-1 中填写各区域所对应的名称和作用。

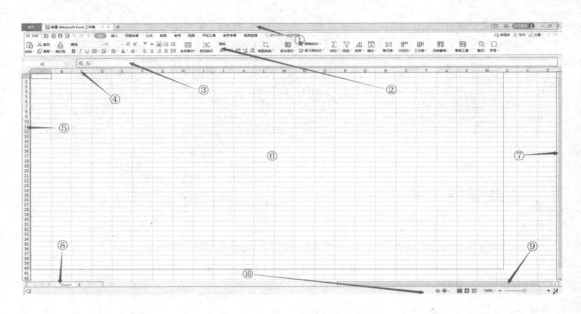

图 2-1　WPS 表格操作界面

表 2-1　WPS 表格中各区域所对应的名称和作用

区域	名称	作用
①		
②		
③		
④		
⑤		
⑥		

续表

区域	名称	作用
⑦		
⑧		
⑨		
⑩		

三、WPS 表格的基本操作

回答引导问题，完成相关操作任务。

（1）在 WPS 表格中新建如图 2-2 所示的工作簿，并将其命名为"产品销售情况统计表.xlsx"。

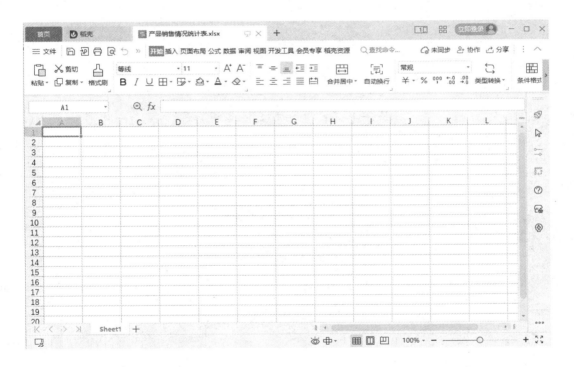

图 2-2　新建工作簿

（2）利用"新建工作表"按钮添加 Sheet2 工作表，如图 2-3 所示。

（3）将 Sheet1 工作表命名为"日度产品数据汇总表"；将 Sheet2 工作表命名为"月度产品数据汇总表"，如图 2-4 所示。

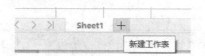

图 2-3　"新建工作表"按钮

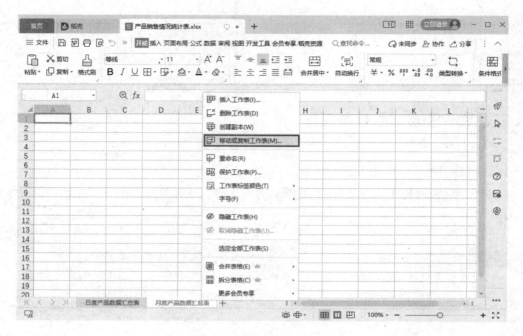

图 2-4　命名 Sheet1、Sheet2 工作表

（4）利用工作表标签的快捷菜单，复制"月度产品数据汇总表"工作表，如图 2-5 所示。

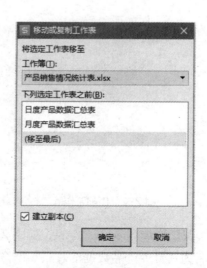

图 2-5　复制"月度产品数据汇总表"工作表

（5）将复制后的工作表命名为"月度产品销售情况统计图表"。

（6）将"月度产品销售情况统计表"工作表标签颜色设置为蓝色，如图 2-6 所示。

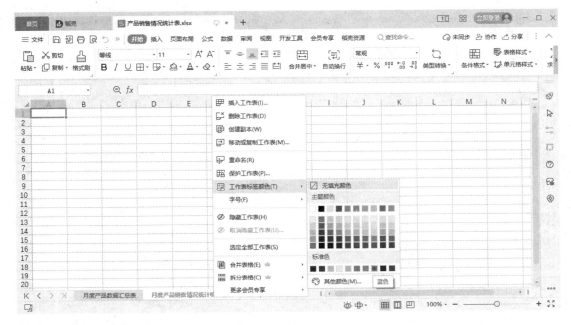

图 2-6 设置工作表标签颜色

【引导问题】

1. 使用 WPS 表格时，首先要创建一个工作簿，用户既可以新建一个空白工作簿，也可以创建一个基于模板的工作簿。一般情况下，当启动 WPS 表格后，系统就会默认新建一个名称为"＿＿＿＿＿＿"的空白工作簿，其默认扩展名为"＿＿＿＿＿＿"。

2. WPS 表格提供了多种类型的模板样式，用户可以根据需要选择模板样式并创建基于所选模板的工作簿。查阅资料，学习在 WPS 表格中利用模板创建文件的方法，并熟悉日常工作中可以使用的各种模板。

3. 工作表也称为电子表格，每个工作表最多包含＿＿＿＿＿行、＿＿＿列。行号自上而下按阿拉伯数字进行编号，而列号则由左到右按字母 A、B、C……进行编号。

4. 认识工作表的结构，将工作表的标签、行号、列号、单元格、活动单元格等填写到图 2-7 中的相应位置。

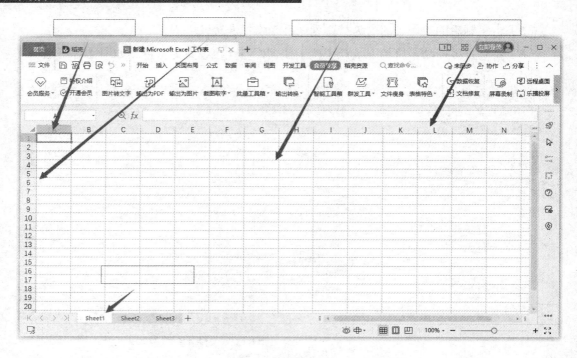

图 2-7　工作表结构

5. 工作表中的每个单元格均有唯一的编号，这个编号是由行号和列号组成的单元格地址，如第 3 行第 2 列的单元格地址可以表示为_____。

6. 在单元格内编写计算公式时，可直接引用其他单元格的数值。WPS 表格提供了三种单元格的引用类型：相对引用、绝对引用和混合引用。它们之间既有区别也有联系。通过讨论、查询资料，明确这三种引用类型之间的关系，并填写表 2-2。

表 2-2　三种单元格的引用类型

引用类型	示例	含义
相对引用	A1	
绝对引用	A1	
混合引用	$A1、A$1	

7. 在日常办公中为了保护公司机密，用户可以对相关的工作簿设置打开权限密码或修改权限密码，设置方法为：打开需要保存的 WPS 表格文件，单击"文件"菜单中的"另存为"选项，在弹出的"另存文件"对话框中选择"加密"选项，如图 2-8 所示，然后在打开的"密码加密"对话框中设置相应密码，如图 2-9 所示。

图 2-8 "另存文件"对话框

图 2-9 "密码加密"对话框

8．WPS 表格文件的密码有两类，尝试操作并简述其用途和区别。

9. 在 WPS 表格的"审阅"选项卡中有"保护工作簿"和"保护工作表"两个命令按钮。讨论、查阅资料，区分两种保护的不同作用。

10. 在工作中，如果想让其他用户只能在允许的范围内对 WPS 表格文件内容做修改或仅查阅，可在"审阅"选项卡中进行设置。新建一个 WPS 表格文件，在文件中设置工作簿的窗口保护（密码自定），保存并关闭文件后再重新打开，观察并记录保护后的文件窗口变化。

四、数据录入与编辑

回答引导问题，完成相关操作任务。

1. 在图 2-6 对应的"月度产品数据汇总表"工作表中进行操作。

2. 在 WPS 表格中，工作表是由以单元格为单位的行和列组成的，单元格是存放具体数据的基本单位，大部分操作都是围绕单元格展开的。根据表 2-3 中的图示，写出选定单元格的操作方法。

表 2-3 选定单元格的操作方法

图示		选定方式	操作方法
		选定整行	

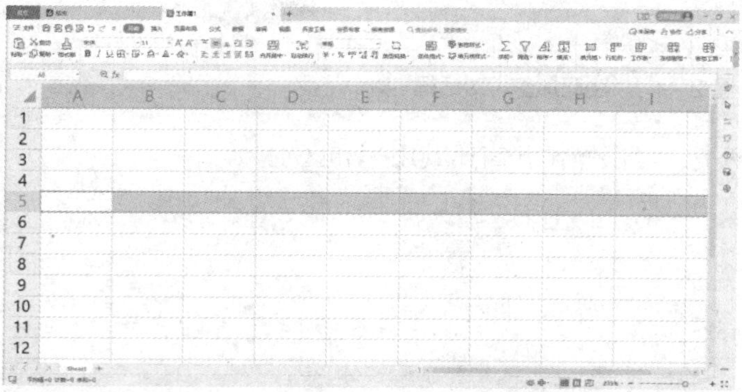

续表

图示	选定方式	操作方法
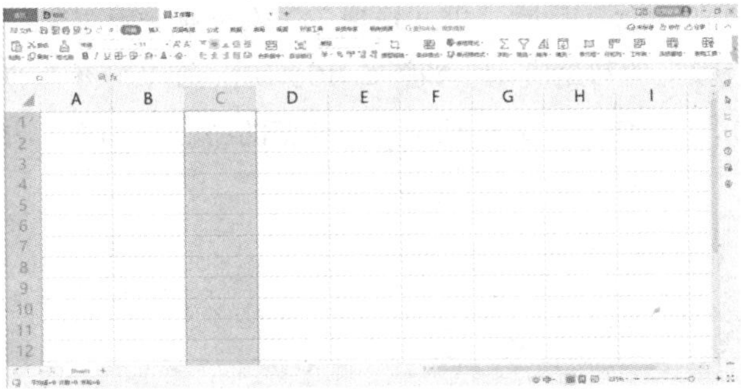	选定整列	
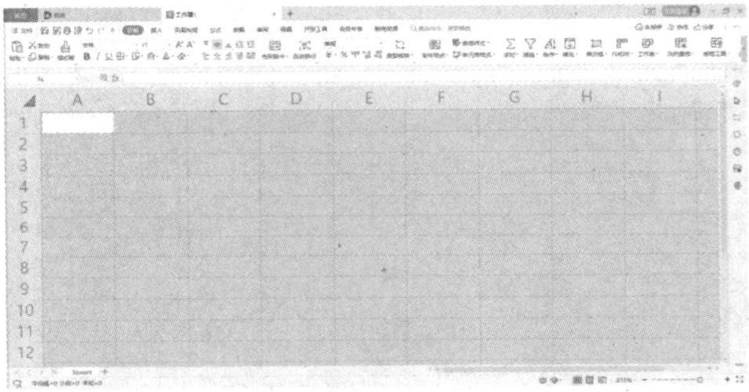	选定整个工作表	
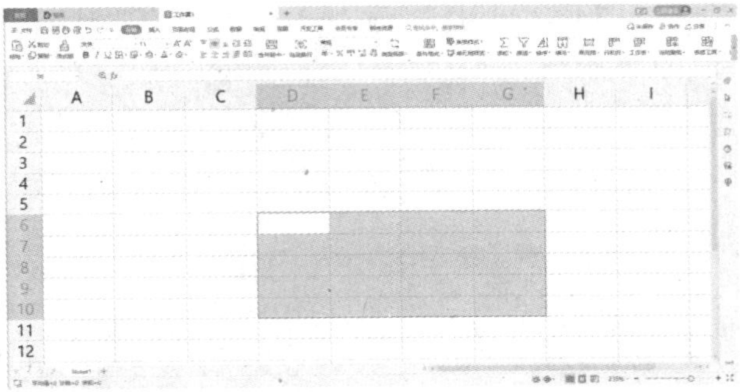	选定一个区域	
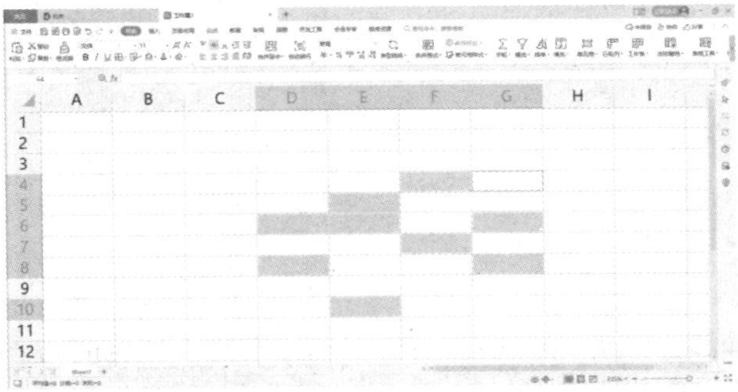	选定不连续的区域	

3. 创建工作表后的第一步是向工作表中输入各种数据。WPS 表格提供了多种数据类型，常用的数据类型包括文本、货币、日期等。通过选中单元格并单击鼠标右键，在弹出的快捷菜单中选择"设置单元格格式"命令，打开"单元格格式"对话框，在"数字"选项卡的"分类"列表中可转换单元格数据的数据类型，如图 2-10 所示。在某一个数据类型下，还有多种不同的显示格式。实际尝试操作，比较不同数据类型的特点和用途，并进行简要说明。

图 2-10　"单元格格式"对话框

4. 输入什么样的数值，会自动匹配为文本型数据、数值型数据、日期型数据、时间型数据呢？查询资料并进行实际操作。

5. WPS 表格中的数据类型自动匹配功能可以为数值输入提供方便，但有时也会造成一定的不便。若想要输入并显示如"1/5""010""110101197701023456"等数值，直接输入能否实现？不能的话，应该如何处理？查阅资料并进行实际操作，完成表2-4的填写。

表2-4　输入实例

数据类型	在单元格中输入	实际显示结果	解决办法
分数	1/5		
前面带0的数字	0250		
超过11位的数字	987654321012		

6. 如何在WPS表格中删除行或列？尝试操作并写出操作方法。

7. 如何在WPS表格中插入行或列？尝试操作并写出操作方法。

8. 如何在WPS表格中精确调整行高？尝试操作并写出操作方法。

9. 在WPS表格中，填写数据时经常会遇到一些内容相同或有规律的数据，如"1、2、3……""星期一、星期二、星期三……"等，利用WPS表格的自动填充功能可以快速填写单元格，从而提高工作效率。查阅帮助文件或通过互联网检索，了解自动填充功能的用法，并进行简要说明，使用自动填充功能输入图2-11中的数据。

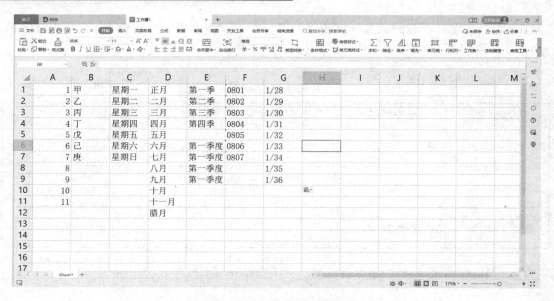

图 2-11　使用自动填充功能输入数据

10. 如何安装"方正小标宋简体""仿宋_GB2312""楷体_GB2312"等字体？尝试操作并写出操作方法。

学习活动 2　制订计划

 学习目标 ● ● ●

1. 能确定产品销售情况统计表录入与排版的目标和要求。
2. 能确定产品销售情况统计与分析任务的目标和要求。
3. 能制订工作计划。
4. 能描述 WPS 表格公式的基本结构和功能，熟练使用公式进行各种运算。
5. 能描述函数的结构、类型和功能，熟练使用 WPS 表格常用内部函数。
6. 能运用 WPS 表格的格式工具对产品销售情况统计表进行美化操作。
7. 能熟练创建和保存图表，完成图表各选项的设置和修改。
8. 能完成对数据表的排序、筛选、分类汇总、合并计算等操作。
9. 能够整理资料并完成数据的录入。
10. 能对表格数据进行审核、校对。

 思政要点 ● ● ●

通过制订计划，培养精益求精的大国工匠精神。

学习过程 ● ● ●

一、确定表格内容格式要求

上网查询产品销售情况统计表的作用及其基本内容，搜集产品销售情况统计表的实例，对比各自的内容特点。根据任务描述，总结并设计出合适的台账结构。

（1）建立产品销售情况统计表的目的是什么？

（2）建立产品销售情况统计表有哪几方面的要求？

（3）产品销售情况统计表的一般有哪些内容？

根据任务描述，设计本任务产品销售情况统计表的格式，并填写表 2-5（最后一列"实现情况"待在下一个学习活动中填写）。

表 2-5　产品销售情况统计表的格式

序号	组成部分	格式要求	实现情况
1	标题	字体：　　　　字形： 字号：　　　　行高： 对齐方式： 其他格式要求：	
2	表格	表格标题内容字体： 字形：　　　　字号： 行高：　　　　对齐方式： 其他格式要求： 表格正文内容字体： 字形：　　　　字号： 行高：　　　　对齐方式： 其他格式要求：	
3	页面设置	页眉格式 字体：　　　　字形： 字号：　　　　对齐方式： 其他格式要求：	

续表

序号	组成部分	格式要求	实现情况
3	页面设置	页脚格式 字体： 字形： 字号： 对齐方式： 其他格式要求： 页边距 上： 下： 左： 右： 纸： 纸张方向：	

注：1. 产品销售情况统计表每日实时更新一次，每月汇总一次，由各部门分管人员负责填写、保管；部门主任对每月销售情况进行检查考核。

二、确定统计分析内容要求

上网查询数据统计分析的方法，搜集数据统计分析实例，对比各自的统计分析方法、角度等特点，写出数据统计分析的要点。

结合搜集到的参考素材和要求，根据任务描述，制订产品销售情况统计与分析的工作方案，并填写表 2-6（最后一列"实现情况"待在下一个学习活动中填写）。

表 2-6 产品销售情况统计与分析的工作方案

序号	组成部分	计划任务	实现情况
1	统计销售数据	数据计算应用（公式、函数）：	
2	分析处理销售数据	数据处理功能应用（排序、筛选、分类汇总、数据透视表等）：	

续表

序号	组成部分	计划任务	实现情况
3	数据图形化处理	创建图表类型、格式要求：	
4	报表美化	格式要求：	

三、设置表格格式

回答引导问题，完成相关操作任务。

（1）打开"产品销售情况统计表.xlsx"文件，标题格式设置为方正小标宋简体、18 号字、合并居中。

（2）在"开始"选项卡"样式"组的"表格格式"下拉菜单中设置表格样式。

（3）设置表格内容格式：仿宋_GB2312、12 号字、水平居中对齐。

（4）设置条件格式：产品单价低于 2000 元的单元格，显示为浅红色填充。

（5）设置内外边框：外边框线为粗实线，内框线为细实线。

（6）完成后另存文件，文件名为"格式应用.xlsx"。

完成效果图如图 2-12 所示。

图 2-12 完成效果图

【引导问题】

1. 为了使工作表更加美观，可以通过"单元格格式"对话框中的"对齐"选项卡对工作表中的数据进行格式设置，如图2-13所示。查看该选项卡各个选项的功能并进行实际尝试，体会其作用。

图2-13 "单元格格式"对话框

2. 在工作表的编辑过程中，用户可以合并任意数量的相邻单元格，从而生成一个跨若干列或行的单元格。同时，也可以将一个合并过的单元格重新恢复为合并之前的状态。在"开始"选项卡中，合并单元格的相关命令有4个，如图2-14所示。实际尝试操作一下，简要说明其功能的区别。

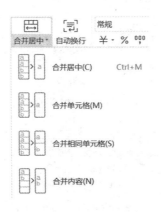

图2-14 合并单元格命令

3. 通过"边框"按钮 ⊞·，用户可以设置表格不同位置、形式的边框线。为了增强工作表的视觉效果，还可对单元格底纹进行颜色及图案的设置。查阅帮助文件或通过互联网检索，找到相关命令的位置，将路径记录下来，实际操作并体会其功能。

4. 通过"条件格式"按钮，用户可以根据条件使用数据条、色阶和图标集等功能，以突出显示相关单元格，强调异常值，实现数据的可视化效果。判断表 2-7 中"销售数量"列的效果是使用了"条件格式"中的什么功能来实现的。

表 2-7 条件格式

应用效果	应用功能

5. 单元格批注是用于说明单元格内容的说明性文字，可以帮助用户了解该单元格的意义，其具体操作方法为：选中需要添加批注的单元格，在"审阅"选项卡"批注"组中单击"新建批注"按钮；也可以右键单击被选中的单元格，在打开的快捷菜单中选择"插入批注"命令。添加了批注的单元格右上角会出现一个红色三角形，如图 2-15 所示。实际尝试一下批注功能，并说明批注在 WPS 表格中是如何显示的。

图 2-15　添加批注

四、公式及函数的运用

回答引导问题，完成相关操作任务。

（1）在 WPS 表格中新建如图 2-16 所示的工作表，文件名保存为"产品销售情况统计表.xlsx"。

图 2-16　新建工作表

（2）通过自定义公式的方式计算销售额，并设置为带人民币符号（¥）、2 位小数的货币格式（销售额=销售数量*产品单价）。

（3）使用求和函数（SUM），在 B24 单元格中计算销售额的总和。

（4）在 B25、B26、B27 单元格中，使用函数分别统计 2022 年的最高销售额、最低销售额和平均销售额。

（5）标题格式：方正小标宋简体、字号 18、合并居中。

（6）表格文字格式：仿宋_GB2312、字号 14。

（7）边框设置：外边框线为粗线，内框线为细线。

（8）保存文件。

【引导问题】

1. 在 WPS 表格中，通过输入计算公式，可以帮助用户快速完成各种复杂的数据运算。公式以"_____"开始，其后面内容为公式的表达式。若需要求 A1 与 A2 单元格数据之和，公式应如何表达？

2. WPS 表格有 4 种类型的运算符，即算术运算符、比较运算符、文本运算符和引用运算符。算术运算符有 6 个，它们的作用是完成基本的数学运算，产生数字结果。查阅资料，填写表 2-8。

表 2-8　运算符

名称	符号	名称	符号
加法运算符	+	减法运算符	−
乘法运算符		除法运算符	
乘方运算符		百分号运算符	

3. 比较运算符有 6 个，它们的作用是完成两个值的比较，其结果为逻辑值"TRUE"或"FALSE"，即正确和错误。查阅资料，填写表 2-9。

4. 在 WPS 表格的 A1 单元格中输入公式"=5>6"，按 Enter 键，显示结果为"_____"；在 A2 单元格中输入公式"=5<6"，按 Enter 键，显示结果为"_____"。

表 2-9 比较运算符

名称	符号	名称	符号
等于运算符	=	大于等于运算符	>=
大于运算符		小于等于运算符	
小于运算符		不等于运算符	

5. 文本连接符（&）可连接一个或多个字符串，生成一个长文本。在 WPS 表格的单元格中输入如图 2-17 所示的公式，按 Enter 键，显示结果为"_____"。公式中出现的所有符号均为英文状态下的半角符号。

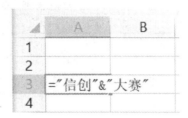

图 2-17 输入公式

6. 引用运算符包括区域运算符、联合运算符、交叉运算符。查阅资料，填写表 2-10。

表 2-10 引用运算符

符号	名称	含义	示例
:（冒号）	区域运算符		B1:C4
,（逗号）	联合运算符		SUM（B2:B10，D2:E10）
（空格）	交叉运算符		B2:D10 D10:E10 D10 单元格同时属于两个区域

7. 如果在公式中同时用到了多个运算符，WPS 表格将按照一定的顺序（优先级由高到低）进行运算。公式中出现不同类型的运算符、同一类型运算符中的不同运算符时，其运算次序的优先级是如何规定的？举例说明。

8. WPS 表格所提供的函数实际上是一些预定义的公式，它们使用了一些称之为参数的特定数值，按特定的顺序或结构进行计算，达到简化公式的目的，并能完成一些常规公式无法进行的运算。函数的一般格式为：函数名（参数 1，参数 2……），如 SUM （B2:B12）。查阅资料、讨论分析下面几个常用函数的作用，并填写表 2-11。

表 2-11 常用函数

函数名称	作用
SUM	
	对所有参数进行算术平均值的运算
MAX	
	求一组数据中的最小值
COUNT	

9. 根据图 2-18，在 WPS 表格中新建"产品销售情况统计表.xlsx"文件，输入基本数据之后，利用公式计算各项数据，参考以下步骤完成操作，并把步骤内容补充完整。

	A	B	C	D	E	F
2	序号	订单日期	产品名称	销售数量	产品单价	销售额
3	1	2022/5/3	长城俊杰B68P0	18	3499	
4	2	2022/5/3	飞腾CPU	15	750	
5	3	2022/5/3	清华同方精锐M780	12	2799	
6	4	2022/5/4	华为MateBook 13s	10	6899	
7	5	2022/5/4	海光CPU	20	680	
8	6	2022/5/4	长城俊杰BD130	8	1399	
9	7	2022/5/4	清华同方超扬A7500	8	2599	
10	8	2022/5/4	统信UOS	40	1200	
11	9	2022/5/4	龙芯CPU	14	680	
12	10	2022/5/5	深度操作系统	20	2580	
13	11	2022/5/5	阿里云轻量应用服务器	4	528	
14	12	2022/5/5	华为云S6云服务器	3	3043	
15	13	2022/5/5	清华同方精锐M780	13	2799	
16	14	2022/5/6	华为MateStation B515	10	3699	
17	15	2022/5/7	银河麒麟OS	23	800	
18	16	2022/5/8	龙芯CPU	20	680	
19	17	2022/5/8	腾讯云标准型S6云服务器	2.5	1141.56	
20	18	2022/5/8	统信UOS	20	1200	
21	19	2022/5/8	长城俊杰B68P0	35	3499	
22	20	2022/5/8	阿里云轻量应用服务器	3.5	528	
23	21	2022/5/8	优麒麟OS	14	1000	
24	金额总计					
25	最高销售额					
26	最低销售额					
27	平均销售额					

图 2-18 工作表数据

（1）选中 F3 单元格，在单元格中输入公式"_____"，按 Enter 键，完成计算。

（2）选中 F3 单元格，将鼠标光标移至该单元格右下角，当其变为"_____"时，按住鼠标左键并拖曳至 F23 单元格后释放鼠标，即可完成引用公式计算的操作。

（3）选中 F22 单元格，单击"_____"按钮，在弹出的下拉菜单中选择"求和"选项。

（4）在编辑栏中出现公式"_____"，单击"√"按钮或按 Enter 键，完成计算。

五、创建图表

回答引导问题，完成相关操作任务。

（1）打开"产品销售情况统计表.xlsx"文件，根据"订单日期"为"2022/5/3"的"产品名称"和"销售数量"创建一个簇状柱形图，效果如图 2-19 所示。

（2）修改图表类型，将图表改为带数据标记的折线图，并按以下格式要求编辑图表。

① 设置图例位置为底部。

② 将图表标题修改为"2022 年 5 月 3 日销售数量统计"，设置文字样式为方正小标宋简体，字号为 20。

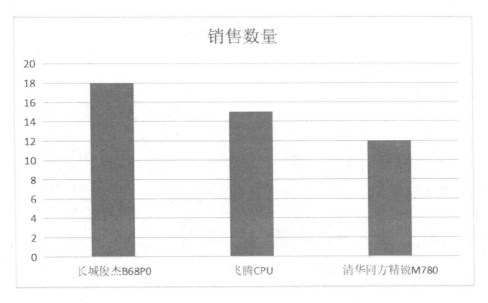

图 2-19　簇状柱形图

③ 设置绘图区格式，背景渐变填充，在预设颜色中选择一种预设的主题颜色。

④ 在主要横网络线中，添加次要网格线。

⑤ 显示数据标签，放置在数据点上方。

完成效果如图 2-20 所示。

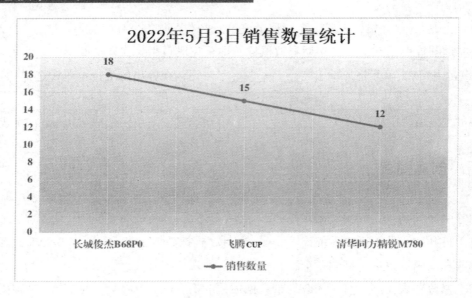

图 2-20　效果图1

（3）将"带数据标记的折线图"的数据源改为"销售日期"为"2022/5/3"的"产品名称"和"销售额"两列的数据，更新图表后添加趋势线、误差线，完成效果如图 2-21 所示。

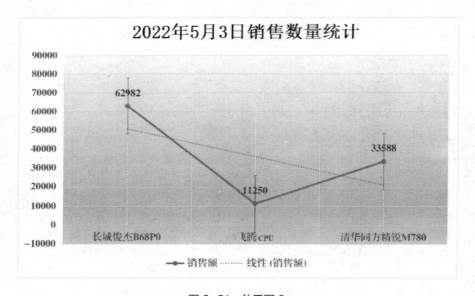

图 2-21　效果图2

（4）使用"产品销售情况统计表.xlsx"工作表中"销售日期"为"2022/5/3"的"产品名称"和"数量"两列的数据作为数据源，创建图表，并尝试对图表进行相关设置，完成效果如图 2-22 所示。

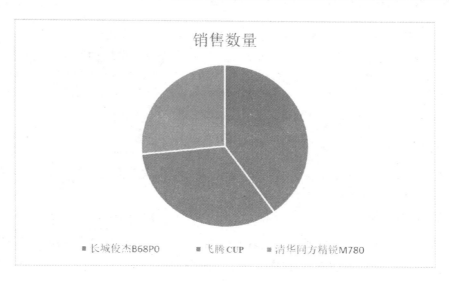

图 2-22　效果图 3

> 小提示：作为 WPS 表格最主要的数据分析工具之一，图表可以将抽象的数据图表化，有助于用户分析数据、查看数据的差异、预测发展趋势等。

【引导问题】

1. 常用的图表类型有柱形图、折线图、饼图、条形图、面积图、散点图、股份图、曲面图、圆环图、气泡图和雷达图等。将下面各图所属的图表类型填写在括号中，并通过互联网查询图表实例，说明各个类型的图表分别适用于哪些场合。

(　　　　　)　　(　　　　　)　　(　　　　　)　　(　　　　　)

(　　　　　)　　(　　　　　)　　(　　　　　)　　(　　　　　)

(　　　　　)　　(　　　　　)　　(　　　　　)

2．完成操作任务中"簇状柱形图"的创建。

3．选择 C3:C5 和 E3:F5 单元格区域。说明选中不连续的区域的操作方法。

4．在"插入"选项卡"图表"组中，单击"柱形图"按钮，在弹出的下拉菜单中选择"_____"选项，即可建立相应的图表。

5．对于已插入的图表，WPS 表格还支持对其进行修改，如放置位置、图标类型、数据源的修改等。查阅帮助文件或通过互联网检索，学习相关操作方法，并完成操作任务中"带数据标记的折线图"的创建及其格式设置，简要记录操作要点。

6．通过讨论、查阅资料，理解"趋势线"和"误差线"的作用，并完成操作任务中图表修改和向图表添加线性趋势线和标准误差线的要求。

（1）趋势线作用及添加方法。

（2）误差线作用及添加方法。

（3）完成操作任务中饼图的制作，简要记录操作要点。

六、数据处理与分析

1．回答引导问题，完成相应操作任务。

（1）在 WPS 表格中新建如图 2-23 所示的工作表，文件保存为"员工工资表.xlsx"。

	A	B	C	D	E	F	G
1				员工工资表			
2							
3	工号	姓名	性别	组别	职称	工资	
4	202001	张三	男	销售1组	高级	9000	
5	202002	李四	男	销售2组	中级	7500	
6	202003	王五	女	销售3组	中级	6000	
7	202004	赵六	男	销售1组	初级	5000	
8	202005	马秀秀	女	销售3组	高级	11000	
9	202006	刘一	女	销售2组	高级	9000	
10	202007	陈二	女	销售1组	初级	5000	
11	202008	孙七	男	销售1组	中级	8000	
12	202009	周八	男	销售3组	初级	7500	
13	202010	吴九	男	销售2组	初级	7500	

图 2-23　建立工作表

（2）对"组别"执行升序排列操作，同一组别下再按"职称"执行降序排列操作。

（3）将文件另存为"员工工资表–排序.xlsx"。

（4）在 WPS 表格中可以对单元格中的数字、文本、日期等数据进行排序，以便直观地查看、理解数据。数据排序主要包括单条件排序、多条件排序和自定义排序 3 种方式。单条件排序时，利用"升序"或"降序"按钮即可实现。尝试相关按钮的操作效果，说明该按钮对数据标题的处理方式。

（5）在工作表中，当对汉字进行排序时，有两种排序方法，即按字母或笔画进行排序。默认的排序方法为按字母顺序，如何修改为按笔画排序呢？

小提示：

　　在用 WPS 表格办公时，有时会遇到使用默认排序方法达不到所需效果的情况，这时就可以使用自定义排序的方法进行排序。

（6）假设需要在员工工资表中，将"职称"列按"高级、中级、初级"的顺序进行排序，应如何操作？查阅帮助文件或通过互联网检索，实际尝试一下，并将要点记录下来。

> **小提示：**
> 当 WPS 表格中数据繁多时，要查找出一个或几个符合条件的数据，可以使用筛选的方式筛选出符合条件的数据，以达到快速查看的目的。

2. 回答引导问题，完成相关操作任务。

（1）打开"员工工资表–排序.xlsx"文件，将 Sheet1 工作表中的内容复制并粘贴到 Sheet2、Sheet3 工作表中，完成后将文件另存为"员工工资表–筛选.xlsx"。

（2）在 Sheet1 工作表中，筛选出"职称"为"高级"的员工。

（3）在 Sheet2 工作表中，筛选出"工资"介于 6000~8000 元之间（包括 6000 元和 8000 元）的数据。

（4）在 Sheet3 工作表中，筛选出"职称"为"高级级"和"工资"大于 9500 元的数据。

（5）若需要筛选出"工资"超过 8000 元（含 8000 元）的员工（效果如图 2-24 所示），可使用自动筛选功能来完成，其操作方法为：单击工作表中任意含有数据的单元格，在"数据"选项卡"排序和筛选"组中单击"筛选"按钮，此时标题行中所有单元格右下角均会出现下拉列表按钮。单击"工资"右下角的下拉列表按钮，在展开的下拉列表中即可选择筛选条件。

员工工资表

工号	姓名	性别	组别	职称	工资
202001	张三	男	销售1组	高级	9000
202005	马秀秀	女	销售3组	高级	11000
202006	刘一	女	销售2组	高级	9000
202008	孙七	男	销售1组	中级	8000

图 2-24 效果图

（6）结合操作任务的筛选需求，说明应如何选择筛选条件。

3．回答引导问题，完成相关操作任务。

打开"产品销售情况统计表.xlsx"文件，筛选出"销售额"小于等于 10000 元，或者"数量"小于等于 10 的记录，将筛选结果复制到 H2 单元格开始的位置上，文件另存为"高级筛选.xlsx"。

（1）查阅资料，简要说明"高级筛选"适合在什么情况下使用。

（2）假设需要筛选出"销售额"大于等于 10000 元和"销售数量"大于等于 14 的数据，其操作方法如下。

① 设置筛选条件区（在数据表的空白处设置一个带有列标题的条件区域）。

条件区域的首行为列标题（如图 2-25 中的 A30、B30），第二行为对应的条件表达式。

30	销售数量	销售额
31	>14	>10000

图 2-25　设置筛选条件区

条件区的设置有 3 个注意事项：

a. 条件的标题要与数据表的原有标题完全一致。

b. 条件为"与"运算关系，必须写在同一行。

c. 条件为"或"关系，写在不同行。

② 设置"高级筛选"对话框。

选择"开始"选项卡"排序和筛选"组中的"筛选"按钮，在打开的"高级筛选"对话框中进行相应设置，如图 2-26 所示。

a. "方式"用于选择筛选结果的显示方式。若选中"在原有区域显示筛选结果"单选按钮，则和自动筛选类似，在数据清单中显示结果；也可在"复制到"文本框中指定筛选结果的显示位置。

b. "列表区域"用于指定待筛选查询的数据表所有区域。

c. "条件区域"用于指定包括条件的单元格区域。

d. "复制到"用于指定筛选结果所要放入的显示位置。

图 2-26 "高级筛选"对话框

③ 单击"确定"按钮，筛选结果如图 2-27 所示。

序号	订单日期	产品名称	销售数量	产品单价	销售额
1	2022/5/3	长城俊杰B68P0	18	3499	62982
2	2022/5/3	飞腾CPU	15	750	11250
5	2022/5/4	海光CPU	20	680	13600
8	2022/5/4	统信UOS	40	1200	48000
10	2022/5/5	深度操作系统	20	2580	51600
15	2022/5/7	银河麒麟OS	23	800	18400
16	2022/5/8	龙芯CPU	20	680	13600
18	2022/5/8	统信UOS	20	1200	24000
19	2022/5/8	长城俊杰B68P0	35	3499	122465

图 2-27 筛选结果

（3）参照以上步骤，完成操作任务中的数据筛选操作。

4．分类汇总是对数据清单中的数据进行分析的一种常用方法，通过它可以将表格中性质相同的内容汇总到一起，让表格的结构更清楚，以便用户查看。

回答引导问题，完成相关操作任务。

（1）打开"员工工资表.xlsx"文件，将 Sheet1 工作表中的内容复制并粘贴到 Sheet2、Sheet3 工作表中，完成后将文件另存为"分类汇总.xlsx"。

（2）在 Sheet1 工作表中，按"组别"汇总"工资"的总数。

（3）在 Sheet2 工作表中，统计各级"职称"的人数。

（4）对 Sheet3 工作表中数据，统计各"职称"及其"工资"的总数（保留两次汇总的结果）。

【引导问题】

（1）查阅资料，简要写出分类汇总的操作方法和注意事项。

（2）分类汇总可实现分类求和、求平均值、求最大值、求最小值等功能。在汇总前需要对数据清单进行排序。在员工工资表中按"组别"汇总工资（效果如图2-28所示），操作方法如下。

1 2 3	A	B	C	D	E	F
			员工工资表			
	工号	姓名	性别	组别	职称	工资
	202001	张三	男	销售1组	高级	9000
	202004	赵六	男	销售1组	初级	5000
	202007	陈二	女	销售1组	初级	5000
	202008	孙七	男	销售1组	中级	8000
				销售1组 汇总		27000
	202002	李四	男	销售2组	中级	7500
	202006	刘一	女	销售2组	高级	9000
	202010	吴九	男	销售2组	初级	7500
				销售2组 汇总		24000
	202003	王五	女	销售3组	中级	6000
	202005	马秀秀	女	销售3组	高级	11000
	202009	周八	男	销售3组	初级	7500
				销售3组 汇总		24500
				总计		75500

图2-28 效果图1

① 对需要进行汇总的列排序。

单击"组别"列中的任意一个单元格，利用"排序"按钮进行排序。

注意：在使用分类汇总前，一定要先对汇总列进行排序，否则会影响分类汇总操作的准确性。

② 分类汇总对话框中设置相应的选项。

选择数据区域，再选择"数据"选项卡中的"分类汇总"按钮，在打开的"分类汇总"对话框中进行相应设置。

③ 单击"确定"按钮，完成汇总操作。

（3）参照以上步骤，完成操作任务中的分类汇总操作。

（4）如何取消分类汇总？

5. 查阅资料，学习数据透视表的功能和使用方法。回答引导问题，完成相应操作任务。

（1）打开"产品销售情况统计表.xlsx"文件，利用数据透视表统计相同"订单日期"的"销售额"平均数（效果如图 2-29 所示），完成后将文件另存为"数据透视表.xlsx"。

	A	B
1		
2		
3	订单日期	平均值项:销售额
4	2022/5/3	35940
5	2022/5/4	28682.33333
6	2022/5/5	24807
7	2022/5/6	27695
8	2022/5/7	13600
9	2022/5/8	33033.38
10	总计	29204.70952
11		

图 2-29　效果图 2

（2）将"产品名称"字段设为"行标签"并添加到透视表中，并把数据汇总方式改为"求和"，形成按不同产品统计产品定价、销售数量、总数的透视表，完成效果如图 2-30 所示。

	A	B	C
1			
2			
3	订单日期	产品名称	求和项:销售额
4	⊟2022/5/3		107820
5		飞腾cpu	11250
6		清华同方精锐M780pc机	33588
7		长城俊杰B68P0pc机	62982
8	⊟2022/5/4		172094
9		UOS	48000
10		海光cpu	13600
11		华为MateBook 13s	68990
12		龙芯cpu	9520
13		清华同方超扬A7500	20792
14		长城俊杰BD130	11192
15	⊟2022/5/5		99228
16		轻量应用服务器ecs6.com云服务器	2112
17		清华同方精锐M780pc机	36387
18		深度操作系统	51600
19		通用计算型S6 4核云服务器	9129
20	⊟2022/5/6		55390
21		华为MateStation B515	36990
22		银河麒麟OS	18400
23	⊟2022/5/7		13600
24		龙芯cpu	13600
25	⊟2022/5/8		165166.9
26		UOS	24000
27		轻量应用服务器ecs6.com云服务器	1848
28		通用型S6.4xlarge.4云服务器	2853.9
29		优麒麟OS	14000
30		长城俊杰B68P0pc机	122465
31	总计		613298.9
32			

图 2-30　效果图 3

【引导问题】

（1）查阅资料，理解数据透视表的作用，并简要写出利用数据透视表统计数据的优势。

（2）数据透视表的特点在于表格结构具有不确定性，可以随时根据实际需要进行调整得出不同的表格视图。为员工工资表创建数据透视表的具体操作方法如下。

① 选中需要创建数据透视表的数据区域（在默认情况下，单击数据源中的任意一个单元格可以确保数据透视表能够准确捕获数据源的范围）。

② 在"插入"选项卡中单击"数据透视表"按钮，打开"创建数据透视表"对话框，按如图 2-31 所示内容设置相应的选项。

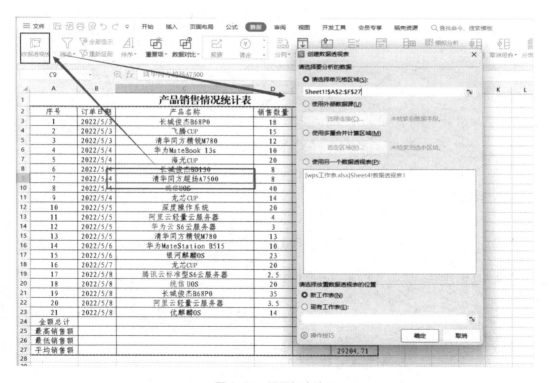

图 2-31　设置相应选项

③ 单击"确定"按钮后，在新工作表中出现了一个空白的透视表区域，右侧是"数据透视表"字段列表，可以根据需要进行拖曳和设置，如图 2-32 所示。

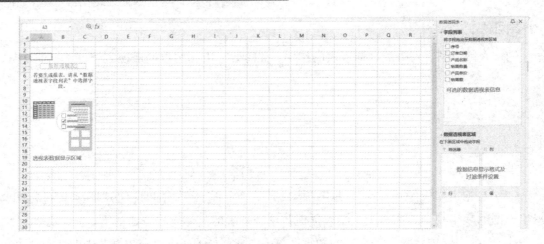

图 2-32　数据透视表

④ 在窗口右侧的"数据透视表"字段列表中包含所有字段，选择所需字段并将其拖曳至下方区域，如图 2-33 所示。

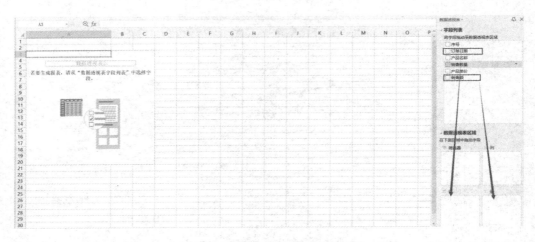

图 2-33　选中字段并拖曳至下方区域

⑤ 成功创建数据透视表，如图 2-34 所示。

订单日期	求和项:销售额
2022/5/3	107820
2022/5/4	172094
2022/5/5	99228
2022/5/6	55390
2022/5/7	13600
2022/5/8	165166.9
总计	613298.9

图 2-34　成功创建数据透视图

6. 数据透视表是用表格的形式来显示和分析数据的，而数据透视图是通过图表的方式来显示和分析数据的。对于已创建好的数据透视表，可以很容易地将其转换为数据透视图，其操作方法为：选定数据透视表整个区域，在"插入"选项卡中选择需要的图表类型，即可生成数据透视图。

将前面做好的数据透视表转换为数据透视图。观察数据透视图并对比普通的图表，简要说明两者有何区别。

七、制订工作计划

制订工作计划表见表2-12。

表2-12　制订工作计划表

小组人员分工		职责
组长		人员工作安排及行动指挥
组员		搜集资料和资料整理、录入
		销售业绩统计分析内容设计
		销售业绩统计分析
		销售业绩统计分析报告格式设置及打印
		销售业绩统计分析报告校对及修改
		成果展示及验收

注：小组人员分工可根据进度由组长安排一人或多人完成，应保证每人在每个时间段都有任务，既要增强团队合作意识，又要让小组每位成员都能独立完成这项任务。

学习活动 3　实施作业

学习目标 ●●●

1. 能搜集和整理产品销售情况统计表数据资料。
2. 能根据录入要求对产品销售情况统计表进行审核、校对。

3. 能熟练掌握产品销售情况统计表表格中的不同类型数据。

4. 能熟练运用不同的数据处理方法对业绩数据进行分析。

5. 能运用图标功能将业绩统计数据图形化。

6. 能完成页面格式设置。

7. 能完成 WPS 表格设置、页面设置及打印等操作。

 ## 思政要点 ● ● ●

通过对销售账目进行统计分析，锻炼数据分析思维的意识和能力。

 ## 学习过程 ● ● ●

一、创建及保存电子表格

在用户主目录下创建"办公文稿制作"文件夹，并新建 WPS 表格文件，将该文件命名为"产品销售情况统计表.xlsx"。

二、数据录入及核对表格内容

1. 根据要求，完成公司销售情况信息的录入。

2. 根据录入要求，小组核对本组成员错误数据并统计。

本组错误数据共＿＿＿＿＿＿项。

三、设置格式

根据任务要求和工作计划完成电子表格的格式设置。将实现情况记录在上一学习活动的表格中。若顺利完成，则录入"完成"；若对原设计有调整，则将调整情况记录在表格中。

四、打印输出

对照任务要求和工作计划核对已设置好的表格，先对其进行打印预览，再通过打印机打印输出。

五、记录问题及解决方法

1. 在上述操作过程中，是否遇到了问题？是如何解决的？记录在表2-13中。

表2-13　所遇问题及解决方法

所遇问题	解决方法

2. 填写工作日志表（见表2-14）。

表2-14　工作日志表

序号	日期	时间	工作内容	指导老师意见
1				
2				
3				
4				
5				
6				

六、WPS 表格页面设置及打印

为了使打印输出的页面美观、大方，在打印之前用户还需要对工作表页面格式、页眉、页脚等进行设置。回答引导问题，完成相关操作任务。

打开"格式应用.xlsx"文件，在"页面布局"选项卡中找到相关按钮，对工作表进行页面设置，设置纸张大小为"A4"，纸张方向为"横向"，页边距为"2 厘米"。

在"插入"选项卡中单击"页眉和页脚"按钮，在打开的页面布局视图中设置页眉为当前日期，靠右显示；在页脚中输入"作者：姓名"（姓名为学生姓名），靠右显示。设置的页眉/页脚不显示在普通视图中，而在页面布局视图中可以看到。

【引导问题】

1. 页眉的内容会出现在每页的顶端，而页脚的内容则是出现在每页的底端。在表格设计中，有时需要使装订后的左侧页面页眉和右侧页面页眉内容不同，应如何设置才可实现？

2. 在页眉、页脚中可以插入不同的元素，如日期、时间、路径、文件名等。若需要在装订后的左侧页面页眉处显示文件名，右侧页面页眉处显示日期，页脚处显示当前页码和总页数，应如何设置呢？简要说明并实际尝试操作一下。

3. 在打印时，通常只会默认打印当前工作表，如果需要打印多张工作表，除了一张张地选择打印的方法，是否还有更好的操作方法呢？若有，请简要描述操作方法。

4. 当工作表内容较多，需要跨页打印时，常常需要在每页上都打印行或列标题，在哪里可以对此进行设置呢？如何设置？

5. 如果想要打印工作表中某一区域的数据，应该怎样设置？

6. 长边翻页与短边翻页打印出的效果有什么区别？单页打印和双面打印对纸张有什么要求？查阅帮助文件或通过互联网检索，实际尝试操作一下，并将要点记录下来。

学习活动 4　质量检查及验收

 学习目标 ● ● ●

1. 能检验产品销售情况统计表内容与格式的正确性。
2. 能根据修改意见对产品销售情况统计表进行修改。
3. 能根据修改意见对统计分析报表进行修改。
4. 能按工作流程交付主任确认验收。

 思政要点 ● ● ●

通过总结评价，强化制度意识，增强质量意识。

 学习过程 ● ● ●

一、质量检查

根据打印出的产品销售情况统计表进行检查校对，并将信息填入表 2–15 中。

表 2-15　内容校对检查表

检查序号	检查项	根据完成情况或完成项目在相应选项位置标记"✓"	改进措施
1	数据正确率	○100% ○100%以下	
2	标题	□字体 □字号 □对齐方式 □字形 □文本效果	
3	表格内容	□字体 □字号 □对齐方式□缩进方式 □行间距	
4	页眉、页脚	□字体 □字号 □对齐方式	
5	页面布局	□页边距 □纸型 □方向	

　　检查序号查项，根据完成情况或完成项目，在表 2-16 相应选项位置标记"✓"并完成改进措施。

表 2-16　质量检测表

序号	检查项目	根据完成情况在相应选项位置标记"✓"	改进措施
1	文字、数字、录入准确率	○100%　　　○100%以下	
2	运用公式、函数对数据进行统计	□运用了求和 □运用了平均值 □运用了最大值 □运用了最小值 □运用了计数 □运用了其他函数 □函数运行正确 □数据统计正确 □未使用公式函数	
3	数据处理功能的运用	□运用了排序数据 □运用了筛选数据 □运用了分类汇总数据 □运用了数据透视表 □未使用任何数据处理功能	
4	图表的运用	□图表正确设置标题 □创建图表数据区域正确 □正确设置坐标轴 □正确设置图例格式 □正确设置图表标题 □未使用图表	

　　根据上表检查情况，对于发现的问题及提出的改进措施对产品销售情况统计表进行修改，修改后再次校对直至完全正确。

二、交接验收

根据学习任务的工作情境，以角色扮演形式进行上台解说。展示产品销售情况统计表完成效果，逐项核对任务要求，完成交接验收并填写验收表，见表2-17。

表2-17　验收表

验收项目	验收要求	第一次验收	第二次验收
产品销售统计分析表标题设置	按照客户需求进行标题设置	□通过 □未通过 整改措施：	□通过 □未通过
产品销售统计分析表公式、函数、数据排序、自动筛选、分类汇总情况	能正确使用公式、函数、数据排序、自动筛选、分类汇总等对数据进行处理	□通过 □未通过 整改措施：	□通过 □未通过
产品销售统计分析表数据透视表、创建图表情况	能利用数据透视表、图表等进行数据分析及数据图形化处理	□通过 □未通过 整改措施：	□通过 □未通过
统计分析报告美化表格	能利用格式设置和边框设置等对统计分析报告进行表格美化操作，使表格达到用户需求	□通过 □未通过 整改措施：	□通过 □未通过
客户检查情况	□合格　□不合格 □较好，但有待改进	客户签字：	客户签字：

三、总结评价

按照"客观、公正和公平"原则，在教师的指导下以自我评价、小组评价和教师评价3种方式对自己和他人在本学习任务中的表现进行综合评价，见表 2-18。

表 2-18　考核评价表

班级				学号				
评价项目	评价标准	评价方式			权重	得分小计	总分
		自我评价	小组评价	教师评价			
职业素养与关键能力	1. 能按规范执行安全操作规程； 2. 能参与小组讨论，相互交流； 3. 积极主动、勤学好问； 4. 能清晰、准确表达所学内容				40%		
专业能力	1. 能使用 WPS 表格对文件进行操作； 2. 能熟练操作 WPS 表格并正确录入任务信息并使用 WPS 表格编辑功能； 3. 能完成 WPS 表格格式、页面设置及打印； 4. 能叙述函数的结构、类型和功能，能使用常用内部函数； 5. 能熟练创建图表、数据透视表并能独立完成各选项设置； 6. 能完成对数据表的排序和筛选操作； 7. 能对数据进行分类汇总				60%		
综合等级		指导老师签名			日期		

填写说明：

1. 各项评价采用 10 分制，根据符合评价标准的程度打分。

2. 得分小计按以下公式计算：

得分小计=（自我评价×20% +小组评价×30% +教师评价×50%）×权重。

3. 综合等级按 A（9≤总分≤10）、B（7.5≤总分<9）、C（6≤总分<7.5）、D（总分<6）四个级别填写。

学习任务三·

·产品推介演示文稿制作

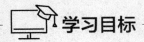 **学习目标**

1. 能通过与客户和业务主管等相关人员的专业沟通，明确工作任务，并准确概括、复述任务内容及要求。
2. 能描述 WPS 演示的功能和操作界面各部分的作用。
3. 能操作 WPS 演示并正确录入任务信息，对演示文稿进行编辑。
4. 能搜集整理产品推介演示文稿素材及相关资料。
5. 能运用文本、图片、图表、图示、形状等元素，对演示文稿进行美化操作。
6. 能对演示文稿进行放映方式设置。
7. 能对演示文稿进行审核、校对。
8. 能填写工作日志，并完成质量检查及验收。

 建议学时

8 学时

工作情境描述

　　某公司需要产品推介演示文稿，现需要搜集并整理产品介绍和图片等素材，在 WPS 中完成演示文稿的制作。

　　演示文稿制作具体要求如下：

　　1. 主题明确、结构合理；

　　2. 页面简洁美观、图片及其他素材使用适当；

　　3. 使用符合主题的模板；

　　4. 能充分展现产品的推介目的。

　　从业务主管处获取任务单，与业务主管沟通了解细节要求，制订工作计划，导入素材，设置演示文稿格式和效果，核对内容无误后交付业务主管确认，填写工作日志。

 工作流程与活动

● 学习活动 1　明确任务和知识准备

● 学习活动 2　制订计划

● 学习活动 3　实施作业

● 学习活动 4　质量检查及验收

学习活动 1　明确任务和知识准备

 学习目标 ● ● ●

> 1. 能通过与客户和业务主管等相关人员的专业沟通，明确工作任务，并准确概括、复述任务内容及要求。
> 2. 能描述 WPS 演示功能和操作界面各部分的作用。
> 3. 能操作 WPS 演示并正确录入任务信息，对演示文稿进行编辑。
> 4. 能运用文本、图片、图表、图示、形状等元素，对演示文稿进行美化操作。
> 5. 能对演示文稿进行放映方式的设置。

思政要点 ● ● ●

强化美育意识、质量意识和设计意识。

学习过程 ● ● ●

一、明确工作任务

1. 根据工作情境描述，模拟实际场景并进行沟通交流。通过查询、讨论，列出演示文稿需要演示的内容及初始布局，并记录本任务客户需求的要点。

2. 从网络上搜集优秀的产品介绍演示文稿案例，总结常用演示文稿页面主题。结合本任务的产品特点，确定演示文稿基本内容，并在表 3-1、表 3-2 中填写相关内容。

表 3-1　产品演示文稿案例分析

序号	常用主题
1	
2	
3	

表 3-2　产品演示文稿内容大纲

页面分类	初步布局
主题页	
目录页	
过渡页	
多图排版页	
单图页	
图文排版页	
分点文字页	
图表或时间轴页	

3. 根据演示内容，搜集演示文稿相关素材，包括图片、文字、数据、视频等材料。

4. 根据客户需求，结合演示环境、设备以及演示时长等因素，选用合适的演示效果，完成演示文稿的设计和制作，并填写表 3-3。

表 3-3　产品演示安排

分类	内容		
演示环境			
演示设备			
演示时长			
视频素材	□无	□有（时长：　　　）	
图片素材	□无	□有（时长：　　　）	
幻灯片切换动画	□无	□有（种类数：　　　）	
图表	□无	□有（数量：　　　）	
流程图	□无	□有（数量：　　　）	
动画	□无	□有（种类数：　　　）	
声音	□无	□有	

二、新建 WPS 演示文稿

新建 WPS 演示文稿的操作步骤如下。

（1）操作步骤同文档和表格。

（2）单击工具栏中的"新建演示"按钮，显示推荐演示文稿模板，如图 3-1 所示。

图 3-1 推荐演示文稿模板

（3）单击模板列表中的"新建空白文稿"按钮，创建一个演示文稿。在"+"按钮下方可以提前选择合适的背景色（白色、灰色渐变色、黑色）。

> **小提示：**
> ".DPS"是 WPS 演示文稿文件的后缀名，可在文件夹搜索栏中输入".DPS"，搜索所有 WPS 演示文稿文件。

三、认识 WPS 演示的操作界面

启动 WPS 演示后，操作界面如图 3-2 所示，根据图示在表 3-4 中填写各个区域所对应的名称及作用。

图 3-2　WPS 演示的操作界面

表 3-4　操作界面区域所对应的名称及作用

区域	名称	作用
1		
2		
3		
4		
5		
6		
7		

四、WPS 演示的模板设置

回答引导问题，完成相关操作任务。

任选一个 WPS 演示的预设模板，以某企业的其中一个产品介绍为主题，制作 8~10 页内容的幻灯片。第 1 页为首页，包括主标题、副标题、制作者姓名、时间等；第 2 页为目录页；从第 3 页起为具体内容页，应包括图片、形状、图表、文本框等基本要素；最后 1 页为结束页。

设计模板确定了幻灯片的样式、布局、字体、配色、背景图案等基本要素，可在 WPS 演示中通过"设计"选项卡中的"智能美化"功能来完成设计，如图 3-3 所示。WPS 演示预设了多种主题风格，每种主题又提供了多种颜色方案、字体样式、展示效果、背景样式等。通过实际操作观察并尝试，选择一种符合主题的样式设置，将选项记录下来。观察模板各页，明确哪些位置用于填写标题，哪些位置用于排版正文内容。

图 3-3 "设计"选项卡

小提示：

WPS 演示默认的幻灯片长宽比为 16：9，目前在实际应用中，16：9 的显示屏或投影幕布应用已较为广泛。若需在特殊播放平台中播放演示文稿，可通过"设计"选项卡中的"页面设置"功能对尺寸和长宽比进行调整。

五、WPS 演示的切换视图

WPS 视图有 4 种模式：普通视图、幻灯片浏览视图、备注页视图和阅读视图。

1. 普通视图

普通视图用于查看和编辑幻灯片。在"视图"选项卡单击"普通"按钮，可切换到普通视图，如图 3-4 所示。

图 3-4 "视图"选项卡

在普通视图的"大纲/幻灯片"窗格中，可用相应的操作方法选择幻灯片。请在表 3-5 中输入正确的操作方法。

表 3-5 幻灯片操作方法

工作任务	操作方法
选择单张幻灯片	
选择连续多张幻灯片	
选择不连续多张幻灯片	
选中全部幻灯片	
调整幻灯片比例大小	

2. 幻灯片浏览视图

幻灯片浏览视图用于快速浏览幻灯片，如图 3-5 所示。在"视图"选项卡或"状态栏"中单击"幻灯片浏览"按钮，可切换到幻灯片浏览视图。

图 3-5　幻灯片浏览视图

在幻灯片浏览视图中，当前幻灯片显示红色边框，按↓键、↑键、→键、←键、PageDown键、PageUp 键等可切换当前幻灯片。单击幻灯片也可将其设置为当前幻灯片。按 Enter 键可切换到普通视图，当前幻灯片将在编辑区显示。用鼠标双击某张幻灯片，可使其选为当前幻灯片并切换到普通视图。

在幻灯片浏览视图中选择连续的多张幻灯片、不连续的多张幻灯片或全部幻灯片的方法，与普通视图的"大纲/幻灯片"窗格中的选择方法相同。

3. 备注页视图

备注页视图主要用于编辑幻灯片备注信息。放映幻灯片时，备注信息可用于提示演讲人。在"视图"选项卡中单击"备注页"按钮，可切换到备注页视图，如图 3-6 所示。

在备注页视图中，编辑区上方显示幻灯片，下方显示备注信息编辑框。

图 3-6　备注页视图

4. 阅读视图

在"视图"选项卡或状态栏中单击"阅读视图"按钮，可切换到阅读视图，如图 3-7 所示。

图 3-7　阅读视图

阅读视图是在当前窗口中以最大化方式播放幻灯片，用来查看幻灯片实际效果，与放映效果类似。

在阅读视图中，按↑键、←键、PageUp 键或向上滚动鼠标滚轮，可切换到上一张幻灯片；按↓键、→键、PageDown 键、Space 键、Enter 键，或者向下滚动鼠标滚轮，或者单击鼠标左键，可切换到下一张幻灯片；按 Esc 键可退出阅读视图，返回之前的视图模式。

六、WPS 演示的幻灯片操作

新建的空白演示文稿通常只有一张封面幻灯片。请在表 3-6 中填写幻灯片操作方法。

表 3-6　幻灯片操作方法

工作任务	操作方法
新建幻灯片	
删除幻灯片	
复制幻灯片	
移动幻灯片	

通常，第一张幻灯片默认为封面幻灯片版式，只包含标题和副标题。从第二张幻灯片开始，新建的幻灯片默认为标题加内容版式。

在"开始"或"设计"选项卡中单击"版式"按钮（或者用鼠标右键单击幻灯片，在弹出的快捷菜单中选择"版式"选项），在弹出的"版式"下拉菜单中选择需要使用的版式，即可将其应用到当前幻灯片或选中的多张幻灯片中。

1. 演示文稿中可以插入本地图片作为幻灯片背景图，也可通过插入形状后，结合"绘图工具"选项卡中的"合并形状"功能来完成对图片的编辑。通过实际操作了解合并形状功能，并在表 3-7 中说明下列功能可以制作哪些效果？

表 3-7　合并形状效果展示

功能名称	初始形状	制作效果
结合		
组合		
拆分		
相交		
剪除		

2. 在制作幻灯片的过程中，常会有同样的对象出现在每张幻灯片的相同位置上，这时使用母版功能可以方便统一幻灯片的风格和表现效果。在"设计"选项卡中可以进入"编辑母版"模式对母版进行设计修改。如需在某一版式下的各页幻灯片中显示同一个标题文字内容，应如何操作？增加新的幻灯片应如何操作？如何选择幻灯片版式？

七、WPS 演示插入素材

1. 除了在模板给出的文本框中输入文字，WPS 演示中还可在幻灯片中插入文本框、图形、图示、表格、图表等元素，其操作和 WPS 文字、WPS 表格基本相似。查看 WPS 演示可插入的元素类型，并将其对应名称填入表 3-8 中。

表 3-8　元素图标及其对应名称

元素图标	名称	元素图标	名称
 (图片)		(表格)	
 (图形)		 (文本框)	
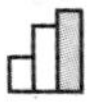 (图表)		 (声音)	
(符号)		 (艺术字)	

续表

元素图标	名称	元素图标	名称

2. 除了通过"插入"选项卡中的相应按钮来插入图片、视频等元素，还有没有更简单的插入方式呢？对此问题进行讨论和查询，将方法记录下来，并实际操作一下。

WPS 演示中所需的图片素材，可以通过扫描纸质图片的方式插入。麒麟操作系统的扫描软件是一款使用 Qt5 技术开发的扫描软件，提供热插拔检测、普通扫描、一键美化、智能纠偏和文字识别功能，同时还包括工具栏的裁切、旋转、水印、水平翻转等功能。打开扫描软件后，会自动检测通过 USB 直连或者设置网络连接的扫描仪。如果打开扫描软件后没有自动检测到扫描仪，可以通过单击"连接扫描仪"按钮进行连接。如果检测到扫描设备，扫描软件会获取扫描设备的参数，如设备名、页数、类型、颜色、分辨率和名称，并将参数显示在界面上。

如果检测到多个扫描设备，可以在"设备"下拉列表中选择扫描设备，如图 3-8 所示。选择好扫描设备后，扫描软件会重新获取扫描参数。

在扫描仪设置界面中，可以对设备、页数、类型、颜色、分辨率、尺寸、格式、名称等参数进行设置。

在扫描设置界面中，可以设置扫描的页数，可设置为"单页扫描"和"多页扫描"两种参数。"单页扫描"是指只能进行一次扫描，扫描结束后不再进行扫描。"多页扫描"是指可以进行多次扫描，当第一次扫描结束后，可以根据设置的延时间隔进行下一次扫描，直到用户自动结束扫描或遇到异常情况。常见异常情况主要有扫描仪中无可扫描文档、扫描参数错误、扫描 IO 错误等。设置多页扫描的延时间隔参数其实是设置多次扫描期间的间隔时间，可选参数有 3 秒、5 秒、7 秒、10 秒、15 秒。

图 3-8　选择扫描仪设备

　　扫描的类型表示按照不同的扫描仪类型进行扫描，该参数是根据选择指定的扫描仪进行获取的，可选参数有平板式和馈纸式。其中，馈纸式又可细分为 ADF 正面、ADF 背面和 ADF 双面。针对不同的扫描仪有不同的扫描类型。例如，只支持平板式扫描的扫描仪有 CanoScan LiDE 210、CanoScan LiDE 300、CanoScan LiDE400 等；只支持馈纸式扫描的扫描仪有 HP OfficeJet 250 Mobile All-in-One series 等；同时支持平板式和馈纸式扫描的扫描仪有 HP Color LaserJet Pro MFP M281fdw 等。

　　在扫描设置界面中可以设置不同扫描仪的分辨率，该参数也是根据指定扫描仪进行获取的，可选分辨率有 75、100、150、200、300、600、1200、2400。分辨率越高，扫描时长越长，扫描出的图片所占内存就越大，后期的图像处理操作会有适当加载过慢的现象，所以用户在选择大于 600 的分辨率进行扫描时，会有相应提示。

　　在扫描设置界面中，从用户选定的扫描仪设备获取具体的扫描尺寸，可选参数有 A4、A5、A6。不同的扫描仪有不同的扫描区域，比如 FUJITSU Fi-7140 扫描仪从居中区域开始扫描，CanoScan LiDE400 扫描仪从左侧区域开始扫描。可设置不同的扫描格式用于存储扫描的文档，可选参数为 jpg、png、pdf、bmp。设置扫描文档的初始保存路径，默认目录为"图片/kylin-scanner-images"。

　　单击"开始扫描"按钮，设置不同的扫描参数进行扫描操作。扫描完成后，可以将扫描文档通过系统已安装的邮件客户端进行邮件发送。扫描完成或通过对扫描文档编辑操作后，可以将扫描文档另存为不同格式的文档。在工具栏中有文字识别功能，扫描完成后可以对扫描文档进行文字识别操作。在文字识别操作前，可以先对文档进行智能纠偏，这样会使高度纠偏的文档识别效果更好。

3. WPS 演示文稿的格式设置主要通过对文本、形状及排列方式进行修饰来提升演示文稿的美观程度。查看并尝试软件提供的各类格式设置功能，对幻灯片页面进行美化，在使用过程中是否遇到或使用了表 3-9 中的工具或菜单？补充表 3-9，说明其所在位置及功能。

表 3-9　格式设置功能

图示	位置及功能
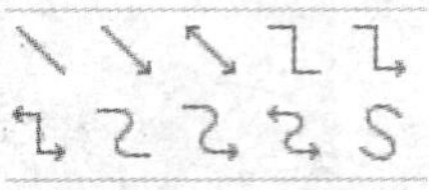	

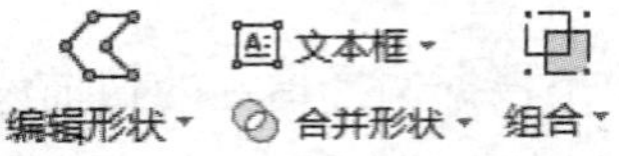 编辑形状▾　文本框▾　合并形状▾　组合▾	
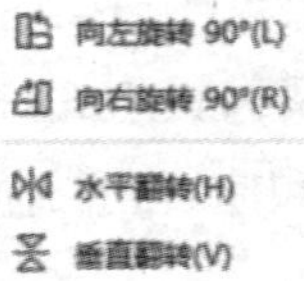 向左旋转 90°(L)　向右旋转 90°(R)　水平翻转(H)　垂直翻转(V)	
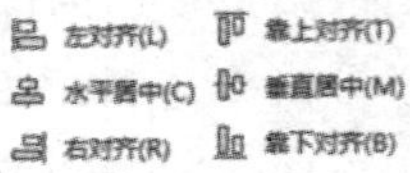 左对齐(L)　靠上对齐(T)　水平居中(C)　垂直居中(M)　右对齐(R)　靠下对齐(B)	
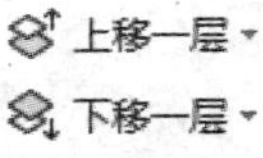 上移一层▾　下移一层▾	
 填充▾　轮廓▾	
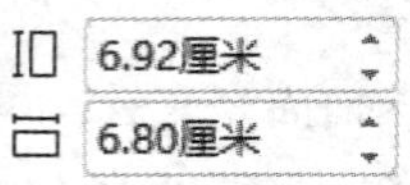 6.92厘米　6.80厘米	

4. 制作演示文稿时，常常需要对文本进行修饰，使页面更加美观。文本修饰包括字体设置和特殊效果添加，通过不同效果的叠加组合，就能实现多种多样的美化效果。按照以下说明实际操作，观察效果，并将图3-9中的编号填入下列对应的括号中。

（　　）输入"美化"，设置字体为"微软雅黑"，选择"编织"纹理填充。

（　　）输入"美化"，设置字体为"楷体"，选择"中宝石碧绿"发光效果。

（　　）输入"美化"，设置字体为"宋体"，添加蓝色轮廓并加阴影效果。

（　　）输入"美化"，设置字体为"宋体"，添加蓝色发光及倒影效果。

（　　）输入"美化"，设置字体为"黑体"并加粗，选择三维旋转"平行"特效。

图 3-9　文本美化效果

小提示：

　　使用非系统自带字体库的字体时，若演示文稿在其他设备上播放，想要保持字体显示效果，可右击文本所在的文本框，在弹出的快捷菜单中选择"另存为图片"命令，保存图片后再通过插入文字图片的方式完成操作。

5. 将演示文稿文本编辑时常用格式设置的操作方法简要记录在表3-10中。

表 3-10　文本编辑常用格式设置的操作方法

操作要求	设置方法或操作步骤
形状填充为黄色	
添加向右下方的箭头图形	
形状轮廓线设为短线	
文本为左对齐	
形状设置外部阴影	
添加声音动作按钮	
形状图框设为高度 5cm，宽度 12cm	

6. 在"对象属性"窗格中单击"形状选项"选项卡，在该选项卡中可进行更丰富的功能设置，浏览并尝试其中的功能。按照如图3-10所示的相关选项对文本框进行设置，观察其显示效果。

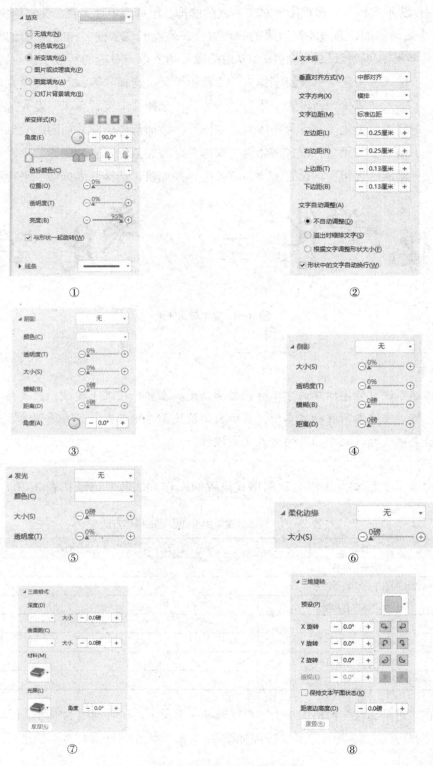

图 3-10 "形状选项"选项卡的相关选项

7. "插入"选项卡中的"形状"功能，还提供了常用的符号形状，合理使用这些形状可以直观地展示出要表达的内容，查看 WPS 演示中预设的各种形状图形，讨论其可以表示的含义，并将图 3-11 中的图形与对应的含义连线。

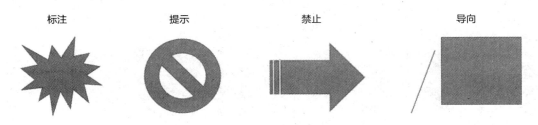

图 3-11 图形

8. 通过讨论或上网查询，了解使用频率较高的流程图图标，在表 3-11 中记录其功能并绘制其样式。

表 3-11 流程图图标样式

序号	功能	流程图图标
1		
2		
3		
4		
5		
6		
7		
8		

9. 利用"插入"选项卡中的"流程图"功能，结合实际操作，讨论并绘制产品工作流程图或产品从生产到投入使用的流程图。

10. 在演示文稿中，文本、图片及其他元素的整齐排列也是使文稿美观的重要因素，如何实现对齐操作？

11. 在演示文稿中，图表能充分说明数据的统计分析结果，可以显示产品近些年的销量或对比其他同类产品的销量等。结合实际操作，了解常用图标功能的类型、展示效果及其应用场合，并将表 3-12 补充完整。

表 3-12　常用图表

图标	图表名称及使用场合

图标	图表名称及使用场合

12. 根据表 3-13，完成图表的制作，并根据图示补全操作步骤。

表 3-13　常用图表插入步骤

操作步骤	图示
1. 添加图表 　在演示文稿空白处单击鼠标，单击_____选项卡，单击_____组中的_____按钮，在打开的窗口中双击_____中的_____	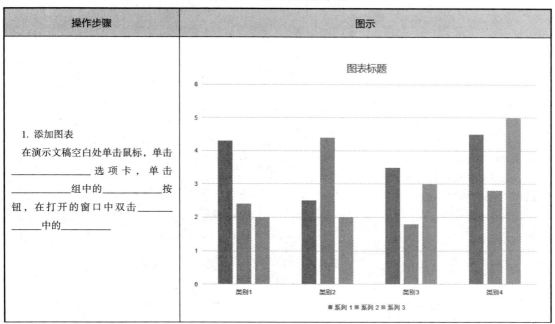

续表

<table>
<tr><th>操作步骤</th><th>图示</th></tr>
<tr><td>2. 编辑图表数据
在打开的表格中编辑数据，若表格未自动打开，可在插入的柱状图上单击“图表工具”选项卡中的__________。
实际操作尝试并对比，根据右侧柱状图反推：系列 1 为__________，系列 2 为__________，系列 3 为__________，类别 1 为__________，类别 2 为__________，类别 3 为__________，类别 4 为__________</td><td>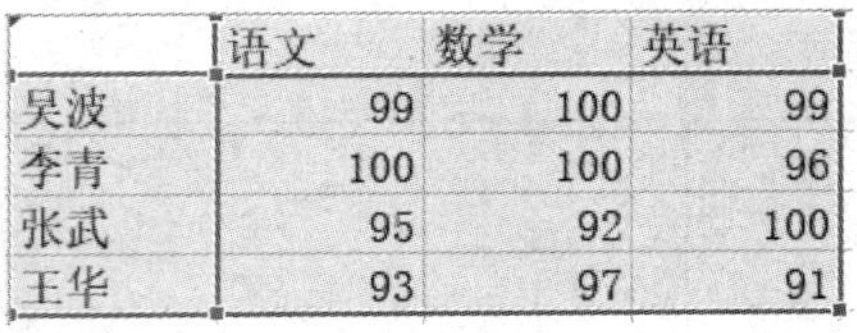
<table>
<tr><th></th><th>语文</th><th>数学</th><th>英语</th></tr>
<tr><td>吴波</td><td>99</td><td>100</td><td>99</td></tr>
<tr><td>李青</td><td>100</td><td>100</td><td>96</td></tr>
<tr><td>张武</td><td>95</td><td>92</td><td>100</td></tr>
<tr><td>王华</td><td>93</td><td>97</td><td>91</td></tr>
</table>
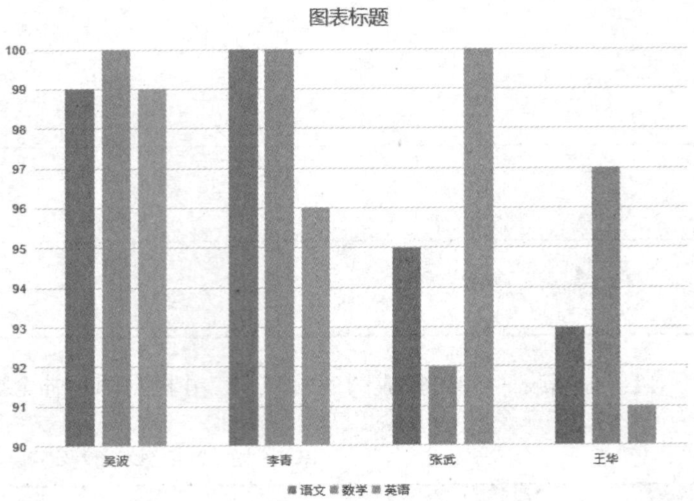
图表标题
100
99
98
97
96
95
94
93
92
91
90
吴波
李青
张武
王华
语文 数学 英语</td></tr>
<tr><td>3. 设置图表数据格式
单击柱状图中对应的柱状色块，在__________中，调整系列重叠为__________，分类间距为__________</td><td>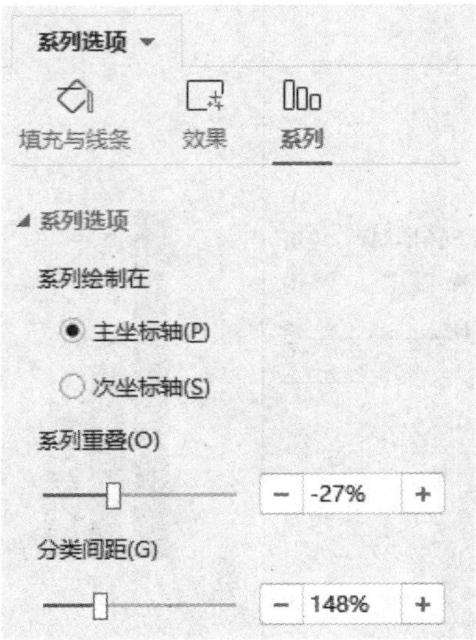
系列选项
填充与线条
效果
系列
系列选项
系列绘制在
主坐标轴(P)
次坐标轴(S)
系列重叠(O)
-27%
分类间距(G)
148%</td></tr>
</table>

续表

操作步骤	图示
4. 设置坐标轴选项 图表制作出来后往往还需要调整，可在柱状图表中单击坐标轴分数栏，选择“图表工具”选项卡中的____________，在_________中修改_______和_______	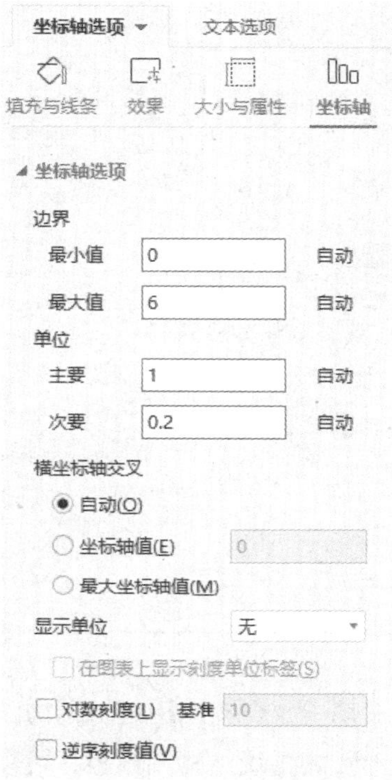坐标轴选项 文本选项 填充与线条 效果 大小与属性 坐标轴 坐标轴选项 边界 最小值 0 自动 最大值 6 自动 单位 主要 1 自动 次要 0.2 自动 横坐标轴交叉 自动(O) 坐标轴值(E) 0 最大坐标轴值(M) 显示单位 无 在图表上显示刻度单位标签(S) 对数刻度(L) 基准 10 逆序刻度值(V) 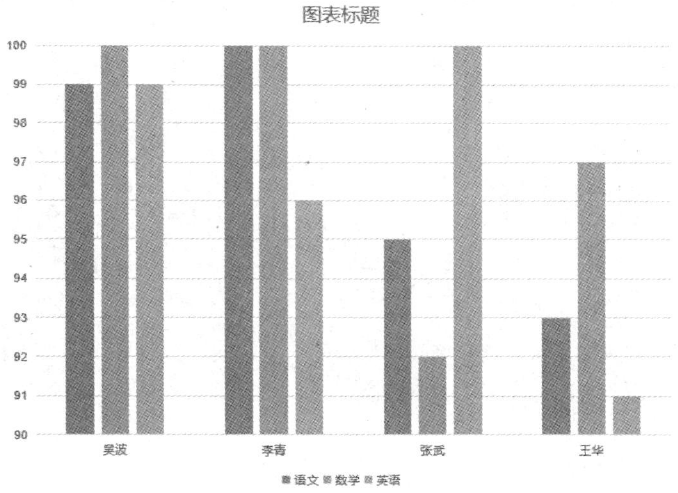图表标题 100 99 98 97 96 95 94 93 92 91 90 吴波 李青 张武 王华 语文 数学 英语

续表

操作步骤	图示
5. 线型设置 　单击图表，选择 _____ 中的 _____，调整宽度为_____，复合类型为 _____，联接类型为_____	▲ 线条 ━━━━━ ▼ ○ 无线条(N) ● 实线(S) ○ 渐变线(G) ○ 自动(U) 颜色(C) ▼ 透明度(T) ⊖ 0% ⊕ 宽度(W) － 0.75磅 ＋ 复合类型(C) ━━━ ▼ 短划线类型(D) ━━━ ▼ 端点类型(A) 平面 ▼ 联接类型(J) 圆形 ▼ 前端箭头(E) 末端箭头(N) ▼ ▼

13. 在演示文稿中，合理运用组织结构图能提升幻灯片整体的演示效果，WPS 演示中提供了"智能图形"的预设结构图模板，可以方便地完成结构层次的图示。通过实际操作了解各个图形的功能，说明表 3-14 中的需求适用以下哪类智能图形，并将相应字母选项填入表中。

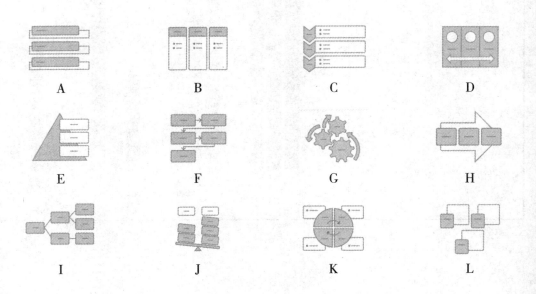

表 3-14 智能图形

需求	对应选项	需求	对应选项	需求	对应选项
三项同级说明		三项主次关系		四项同级说明	
三项目录说明		轻重关系		三项逻辑关系	
大纲主从延伸		三项左右说明		五项顺序流程	
三项标题强调		三项顺序流程		三项纵向说明	

14．WPS 演示文稿提供了丰富的动画效果，使幻灯片的播放效果丰富、生动。动画效果设计可在"动画"选项卡或"动画窗格"中完成，查看 WPS 演示提供的动画效果并实际操作尝试，为幻灯片选择符合主题的动画效果，并记录在表 3-15 中。

表 3-15 常用动画效果

对象类型 （图片、文本框、视频等）	动画类型 （进入、退出、强调等）	动画名称

在动画效果的使用过程中，为达到满意的表现效果，除了选择基本样式，常常还需要对其触发方式、触发时机、音效等进行设置，这些可在"动画窗格"中进行设置，如图 3-12 所示。

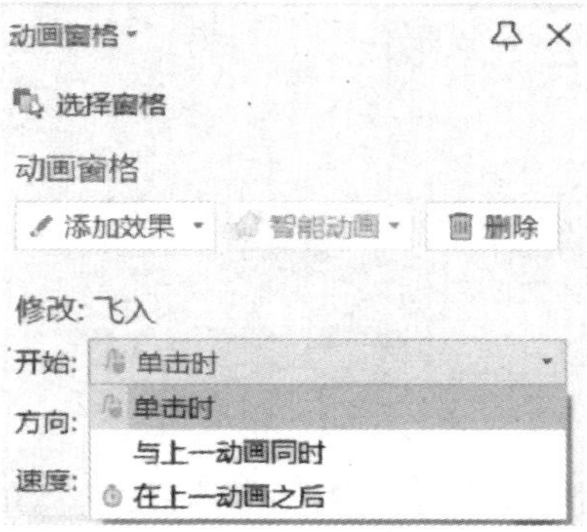

图 3-12 动画窗格

① 某张幻灯片中有几张图片需要在单击鼠标后自动依次从屏幕左侧飞入，应如何设置呢？

② 按照如图 3-13 所示"随机线条"对话框中的内容完成设置，观察动画效果。

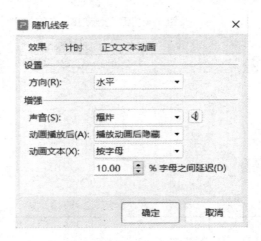

图 3-13　"随机线条"对话框

③ 某张幻灯片页面中有一张图片和一行说明文字，若需要将该行文字在用鼠标单击矩形图形后延迟 1s 开始从屏幕左侧飞入，以快速（1s）播放该动画，并在下一次单击前不断重复该动作，应如何设置呢？

15. 在演示文稿制作过程中会经常使用外部的视频、动画、网页等元素来提升演示文稿的说明效果，这时就需要用到超链接功能，"插入超链接"对话框如图 3-14 所示。

图 3-14 "插入超链接"对话框

查询帮助文件或通过互联网检索，了解超链接的用法。回答引导问题，完成相应任务。

① 将计算机用户主目录下的"视频.MP4"文件链接到演示文稿中，在演示文稿页面上显示文字"视频"。

② 在上述设置的"超链接图示"中的相应位置记录"显示的文字""地址""超链接颜色"等信息。

③ 当超链接对象设为与演示文稿同一文件夹下的某视频文件时，若将该文件夹剪切到了其他位置，超链接是否有效？什么情况下有效，什么情况下无效？

④ 在演示文稿中，若需要设置一个目录页，并且通过单击目录列表中的内容跳转到相应的页面中去，应如何实现？

八、WPS演示放映设置

1. 对于不同幻灯片的切换，WPS演示也提供了丰富的切换效果，相关设置可通过"切换"选项卡完成，如图3-15所示。实际操作一下，体验各种切换方式的展示效果。如需不同页面采用不同的切换效果，应如何设置？能否实现某页幻灯片播放几秒后自动切换到下一页的效果呢？如何操作？

图3-15　"切换"选项卡

小提示：

除了上面提到的几个要点，WPS演示还提供了丰富的编辑设计功能，在任务完成过程中，应注意多尝试不同的功能，并结合帮助文件或互联网检索学习使用，将经验和技巧整理记录下来。

---

2. WPS演示提供了插入音频、视频功能，可以让演示文稿讲解内容更具有说服力和吸引力。

小提示：

.MP3音频格式和.MP4视频格式是WPS演示可识别的文件格式。

---

3. 合理设置放映方式能满足不同场合、不同目的的播放需求。通过查询、讨论与操作，补全表3-16，并完成幻灯片放映方式的选择。

表 3-16　幻灯片放映方式

放映方式	选项
向可以在 Web 浏览器中进行远程观看的观众放映幻灯片	
根据需要自由设置播放幻灯片及播放顺序，从而实现对同一个演示文稿进行多种不同的放映。例如，10 分钟和 20 分钟两种不同时长的放映	
在演示文稿中隐藏某页幻灯片，在全屏放映幻灯片时不显示该幻灯片	
记录在每张幻灯片上所用的时间，保存这些计时以便将其用于设置自动运行放映	

4．WPS 演示的自定义放映方式在幻灯片演示过程中使用较多，通过实际操作，补全表 3-17 中的操作步骤，完成幻灯片自定义放映设置。

表 3-17　幻灯片自定义放映操作步骤

操作步骤	图示
1．单击"放映"选项卡中的_____，打开"自定义放映"对话框，单击_____按钮	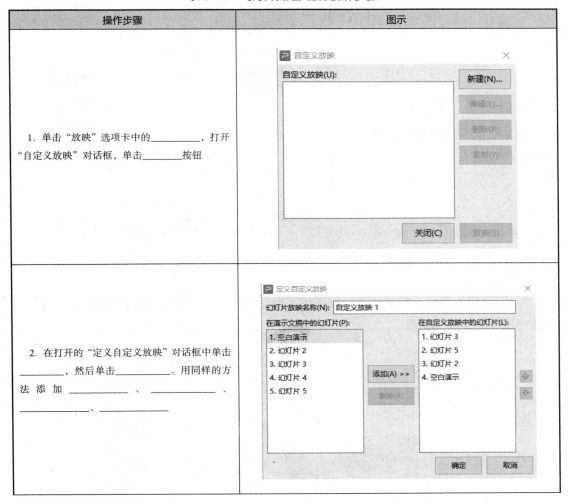
2．在打开的"定义自定义放映"对话框中单击_____，然后单击_____。用同样的方法添加_____、_____、_____、	

操作步骤	图示
3. 在"定义自定义放映"对话框中调整放映顺序，单击_____，然后单击_____按钮，将该幻灯片作为第一个放映的幻灯片。用同样的方法调整_____为第二个放映的幻灯片，_____为第三个放映的幻灯片，_____为第四个放映的幻灯片，_____为第五个放映的幻灯片	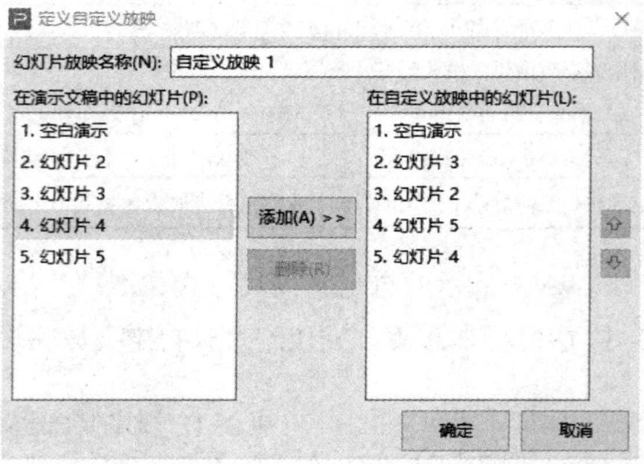 定义自定义放映　× 幻灯片放映名称(N):　自定义放映 1 在演示文稿中的幻灯片(P):　　在自定义放映中的幻灯片(L): 1. 空白演示　　1. 空白演示 2. 幻灯片 2　　2. 幻灯片 3 3. 幻灯片 3　添加(A) >>　3. 幻灯片 2 4. 幻灯片 4　删除(R)　4. 幻灯片 5 5. 幻灯片 5　　5. 幻灯片 4 确定　取消
4. 单击_____按钮返回"自定义放映"对话框	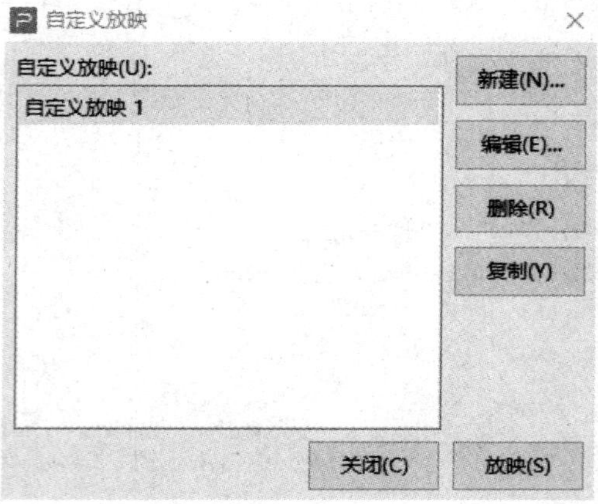 自定义放映　× 自定义放映(U):　新建(N)... 自定义放映 1　编辑(E)... 删除(R) 复制(Y) 关闭(C)　放映(S)

5. 以小组为单位，展示完成后的演示文稿操作任务，互相点评，指出其在页面设计、软件使用等方面的优缺点。

学习活动 2　制订计划

 学习目标 ● ● ●

1. 能根据任务目标和要求设计产品推介演示文稿的格式、版式布局、页面设置等。
2. 能制订工作计划。

 思政要点 ● ● ●

通过演示文稿设计学习，培养创新意识。

学习过程 ● ● ●

一、模板风格的确定

1. 通过查询资料或互联网检索，从不同类型的演示文稿中（如教育类、培训类、会议类、科技类、管理类、主题班会类、公司宣传类、产品介绍类等）选择几类，查找质量较高的实例和相关指导性的文章，在表 3-18 中总结不同类型演示文稿模板风格设计的一般规律。

表 3-18　演示文稿不同类型描述

序号	类型	名称	设计风格描述 （包括配色、背景、字体、字号等）
1	产品介绍类		
2	科技类		

序号	类型	名称	设计风格描述 （包括配色、背景、字体、字号等）
3	主题班会类		
4	公司宣传类		
5	自选类		

2. 除了颜色搭配和图案设计，文字是演示文稿的重要组成部分，结合实例，总结文字布局、字体字号的一般要求。

3. 根据上述总结的经验，设计本任务模板的大体风格（包括颜色、背景图、字体、字号等），选取并配置合适的模板，记录下来。

（1）主色的选择

主色，也就是占演示文稿中面积最大的颜色。一份好的演示文稿，主色能更好地突出其核心内容，主色的确定可以从品牌、风格、场景这三个维度入手。

① 品牌维度。一般是从 Logo 中进行取色。例如，华为品牌色是红色，那么演示文稿主色可以选择红色。

② 风格维度。演示文稿整体风格是科技风还是清新风，这些风格没有固定标准，色彩也没有唯一标准，可以搜索相关科技风格的作品，不难发现有共性的颜色，这些颜色都可

以作为演示文稿的主色。当选择了一幅合适的背景图，可在背景图中选择面积相对最大的色块作为演示文稿的主色，保证画面色调的统一性。

③ 场景维度。环境明暗和投影设备都会影响感官，在主色选择上可以遵循"环境亮背景浅，环境暗背景深主色浅"的原则。

（2）辅色的选择

辅色的作用在于增加页面的层次感。

① 同类色。同类色可以通过调整颜色面板的 HSL（明度、饱和度、亮度）值来选择。例如，主色为蓝色，保持明度 H 不变，通过调整饱和度 S 和亮度 L，可以得到相应的同类色。

② 邻近色。邻近色与主色相近的颜色。

③ 互补色。互补色视觉冲击力强，适合用于对比效果的页面，或者强调重点信息，或者作为小面积的点缀。例如，紫色和黄色、蓝色和橙色、绿色和红色。运用大面积的互补色时，应降低颜色的饱和度或加入白色色块，缓解对视觉的冲击。

（3）渐变色

主色到辅色的渐变或辅色到主色的渐变搭配，可以让页面更加丰富。

（4）辅助软件或网站

目前市面上有很多配色网站或软件，可以在这些平台上选择合适的配色，运用到演示文稿中。

> **小提示：**
>
> 通常演示文稿模板对文字和底色的配色有一定的要求。
>
> （1）白色底：一般选用黑色字、红色字或蓝色字。
>
> （2）深蓝色底：可配白色字或黄色字，尽量避免暗红色字。
>
> （3）黑色底：一般选用白色字或黄色字。
>
> 注意"三不"原则。
>
> （1）演示文稿中字体一般不超过 3 种。
>
> （2）演示文稿中色系一般不超过 3 种。
>
> （3）演示文稿中动画效果一般不超过 3 种。

二、页面表现形式设计

幻灯片的制作主要注意文字、图片、图示以及其他素材的合理使用，为展现更好的演示效果，还可合理添加影音、动画等素材。幻灯片应用最多的是文字和图片，文字使用量不宜占据整篇页面，在编辑过程中应注意色彩搭配，文字、图片和背景颜色要尽量对比明显，要合理有效地运用"形状选项"和"文本选项"对话框中的功能效果。

结合前面搜寻的实例，学习其页面设计上的亮点，结合操作任务素材，规划各个页面的主要内容、变现形式和大致布局，通过草图等形式记录下来，并初步规划动画、幻灯片切换等动态效果的应用。

常用页面布局方式（包括图表、流程图）如图 3-16 所示。

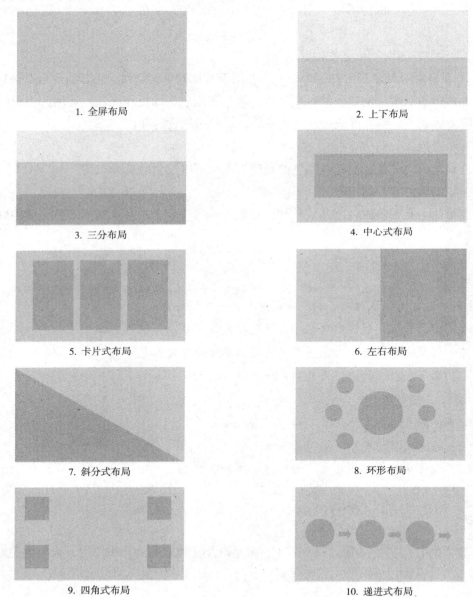

图 3-16　常用页面布局方式

小提示：

在制作演示文稿首页时，要注意选择能表达主题的图片等元素，首页中的主标题与副标题字体、字号大小都有基本要求，字体颜色要与背景配色形成鲜明对比，副标题、制作人、日期、页码和网址的使用根据演示文稿的需求而定，不是所有幻灯片都需要这些项目。版式的布局也是根据任务需求来定的，无论采用哪种布局版式，幻灯片的字母一定要在首页中清晰展现出来。

三、确定工作方案

根据学习任务描述，确定产品推介演示文稿制作的目标和要求，综合前面的设计，在表 3-19 中确定工作方案。

表 3-19　工作方案表

序号	项目	任务要求
1	首页	项目要求（主、副标题）：
2	目录	结构要求（目录级别）： 组织结构图或图形：
3	主要内容	字体要求： 格式要求： 素材使用情况： 组织结构图或图形： 动画要求： 页数要求：
4	结束页	格式要求：

四、制订工作计划

填写工作计划表，见表 3-20。

表 3-20　工作计划表

小组成员分工		职责
组长		人员工作安排及行动指挥
组员		搜集资料和资料整理、录入
		演示文稿首页设计
		页面基本内容排版
		动画和播放效果设计
		演示文稿测试、校对及修改
		成果展示及验收

注：小组人员分工可根据进度由组长安排一人或多人完成，应保证每人在每个时间段都有任务，既要锻炼团队合作能力，又要让小组每位成员都能独立完成这项任务。

学习活动 3　实施作业

学习目标 ● ● ●

1. 能搜集整理产品推介演示文稿数据资料并正确录入任务信息。
2. 能根据产品推介演示文稿录入要求进行审核校对。
3. 能在产品推介演示文稿中熟练运用文字、图片、图示、形状、流程图等元素。
4. 能运用格式工具对产品推介演示文稿进行美化操作。
5. 能对产品推介演示文稿进行放映方式设置。
6. 能按照工作要求对文件进行正确输出。

思政要点 ● ● ●

在小组合作中，强化团队意识，提升沟通能力。

学习过程 ●●●

一、整理素材

将制作产品推介演示文稿所需的相关素材（包括文档、图片、视频、音频等资料）汇总整理，以备下一步制作使用，整理后列表梳理，以免遗漏。

二、创建及保存演示文稿

在用户主目录下的文件夹中新建 WPS 演示文稿文件，将文件命名为"××产品推介.dps"。

三、制作演示文稿页面

按照学习活动 2 所制订的计划，完成相关页面的制作。通常在实际制作过程中，会根据素材的实际情况对原有计划进行调整，随着页面制作将调整方案简要记录下来。

> **小提示：**
>
> 制作过程中，可随时使用 Shift+F5 组合键播放当前页面来查看效果。

四、播放及修改完善

对照学习任务要求和工作计划，核对并完整播放已制作好的演示文稿，对发现的问题进行修改完善。确保演示文稿在不同媒介中能正常播放。

1. 演示文稿中有音视频、动画等文件，若需要在其他计算机上放映演示文稿，则可通过单击"文件"→"文件打包"→"将演示文档打包成文件夹"命令，对演示文稿进行打包操作。

2. 若需要将演示文稿分发给多个客户浏览，可通过单击"文件"→"输出为 PDF"命令，对演示文稿进行静态页面输出；也可通过单击"文件"→"打印"命令，对演示文稿进行纸质输出。

小提示：

WPS 演示文稿输出为 PDF 格式后，动画功能不起作用，页面将展示全部素材。

3．为避免别人随意修改、套用自己的演示文稿，可以采用以下两种方法。

① 添加水印后输出 PDF。演示文稿每页都插入文本框，输入水印内容后，将演示文稿转成 PDF 格式。

② 演示文稿加密。单击"文件"→"文档加密"命令，选择相应的加密方式。

五、记录问题及解决方法

在上述操作过程中，是否遇到了问题？是如何解决的？将所遇问题和解决方法记录在表 3–21 中。

表 3-21　所遇问题及解决方法

序号	所遇问题	解决方法
1		
2		

六、填写工作日志

工作日志表见表 3–22。

表 3-22　工作日志表

序号	日期	时间	工作内容	指导教师意见
1				
2				

续表

序号	日期	时间	工作内容	指导教师意见
3				
4				
5				
6				

学习活动 4   质量检查及验收

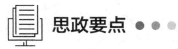 学习目标 ● ● ●

1. 能检验产品推介演示文稿制作效果是否符合客户要求。
2. 能根据修改意见对产品推介演示文稿进行修改。
3. 能按工作流程交付主管确认验收。

思政要点 ● ● ●

通过总结评价，培养接受批评、提出建议的职业态度。

学习过程 ●●●

一、质量检查

1. 文字录入的正确率直接影响演示文稿的制作质量，也直接影响任务的交付，根据客户需求完成产品推介演示文稿信息的录入，各组之间相互查阅并记录小组成员错误字数。

2. 根据任务完成情况，统计幻灯片制作情况并记录在表 3-23 中。

表 3-23　完成情况统计表

序号	项目	完成情况
1	页数	共　　　页
2	图片使用	共　　　张
3	色彩搭配	共　　　种
4	模板添加	有□　　　无□
5	动作设置	有□　　　无□
6	其他素材使用情况	

3. 根据用户需求对演示文稿进行自检，并根据项目要求完成任务质量检查表（见表 3-24）。

表 3-24　质量检查表

序号	检查项目	根据完成情况在相应选项位置标记"√"	改进措施
1	文字正确	□100%　　□100%以下	
2	图片、音乐、视频元素及图形效果的运用	□运用了图片　□运用了图表 □运用了音频　□运用了图形 □运用了视频　□运用了智能图形 □运用了动画　□运用了流程图	
3	图片、音乐、视频元素及图形效果的运用	□图片使用特殊效果 □图片使用前已处理 □图片版式统一 □未使用图片及其他素材	

续表

序号	检查项目	根据完成情况在相应选项位置标记"√"	改进措施
4	文本的设置	□文本设置填充效果 □文本字体统一 □文本设置特殊效果 □字号设置标准 □使用艺术字 □文本对齐 □文本中字体使用未超过三种 □文本颜色未超过三种 □文本配色未超过三种	
5	动画效果的运用	□运用了自定义动画 □运用了自定义动作路径 □运用了动作设置 □未使用动画效果	
6	演示文稿放映方式的设置	□按要求设置 □全部自动放映 □未设置	

4. 演示文稿修改。根据检查情况，对于发现的问题及提出的改进措施独立进行修改，修改后再次核对直至完全符合要求。

5. 确认演示文稿能在不同设备上正常播放。

二、交接验收

根据任务工作情境，以角色扮演形式上台进行解说。展示演示文稿完成效果，逐项核对任务要求，完成交接验收，填写表 3-25，并根据解说和评价情况撰写工作日志。

表 3-25 验收表

验收项目	验收要求	第一次验收	第二次验收
模板使用	能根据用户要求自行添加模板，模板使用符合主题要求	□通过 □未通过 整改措施：	□通过 □未通过

续表

验收项目	验收要求	第一次验收	第二次验收
色彩搭配	主题明确，结构合理，色彩搭配合理均未超过三种色系	□通过 □未通过 整改措施：	□通过 □未通过
文本及素材	文本使用合理，文本效果使用恰当。其他素材处理得当使用准确，能充分说明文稿主题	□通过 □未通过 整改措施：	□通过 □未通过
演示效果	动画效果添加准确，放映流畅，能充分表达产品推介主题要求	□通过 □未通过 整改措施：	□通过 □未通过
客户检查情况	□合格　　□不合格 □较好，但有待改进	客户签字：	客户签字：

三、总结评价

按照"客观、公平和公正"原则，在教师的指导下以自我评价、小组评价和教师评价三种方式，对自己和他人在本学习任务中的表现进行综合评价，填写表 3-26。

表 3-26　考核评价表

班级		学号		姓名		
评价项目	评价标准	评价方式			权重	得分小计	总分
		自我评价	小组评价	教师评价			
职业素养与关键能力	1. 能按规范执行安全操作规程； 2. 能参与小组讨论，相互交流； 3. 积极主动、勤学好问； 4. 能清晰、准确表达				40%		

续表

专业能力	1. 能熟练操作 WPS 演示文稿并正确录入信息； 2. 能熟练使用并编辑 WPS 演示文稿； 3. 能在演示文稿中熟练运用图片、形状等元素，展示演示效果； 4. 能熟练运用对象属性对产品推介演示文稿进行美化操作； 5. 能对演示文稿进行放映方式的设置				60%		
综合等级		指导教师签名			日期		

填写说明：

1. 各项评价采用 10 分制，根据符合评价标准的程度打分。

2. 得分小计按以下公式计算：

得分小计=（自我评价×20%+小组评价×30%+教师评价×50%）×权重。

3. 综合等级按 A（9≤总分≤10）、B（7.5≤总分<9）、C（6≤总分<7.5）、D（总分<6）四个级别填写。

学习任务四

新一代信息技术调研报告制作

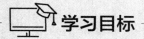**学习目标**

1. 能准确理解调研报告的意义，以及调研报告的要求。

2. 能协调小组成员意见完成选题，并明确任务分工。

3. 能有效组织小组成员综合运用通用的搜索引擎，以及期刊、论文、专利、商标、数字信息资源平台等专用平台进行信息检索，完成信息收集和整理。

4. 能合理制订工作计划，并通过甘特图等项目管理工具对团队工作进行管理。

5. 能在不同终端中使用 WPS 云服务进行团队协作撰稿、方案讨论、会议记录和会议资料共享等。

6. 能对演示文稿进行审核、校对。

7. 能填写工作日志，并完成质量检查及验收。

建议学时

8 学时

工作情境描述

　　您入职_____单位多年，并已晋升为中层管理岗位。单位高层领导意识到现代社会新技术发展迅猛，将会深刻影响到单位未来发展。根据单位高层领导指示，现委托您组织一个四至六人的团队对某一科技前沿技术进行调研，时间为期两周，到期提交一份三万到五万字的调研报告（以电子文档的形式发送给行政助理_____@_____)，并根据调研报告制作一份汇报时间为 15 分钟的演示文稿，并做汇报演讲。

　　科技前沿技术选题如下：

1. 人工智能技术；
2. 区块链技术；
3. 大数据技术；
4. 量子信息技术；
5. 移动通信技术；
6. 物联网技术；
7. 信息安全技术；
8. _____。

 工作流程与活动

● 学习活动 1　明确任务和知识准备

● 学习活动 2　制订计划

● 学习活动 3　实施作业

● 学习活动 4　质量检查及验收

学习活动 1　明确任务和知识准备

 ## 学习目标 ● ● ●

1. 能准确理解调研报告的意义，并清楚调研报告的内容要求和格式要求。
2. 能协调小组成员意见完成选题，并明确工作任务分工。
3. 能有效组织小组成员综合运用通用的搜索引擎，以及期刊、论文、专利、商标、数字信息资源平台等专用平台进行信息检索，完成信息收集和整理。

 ## 思政要点 ● ● ●

通过调研报告学习，树立科技是第一生产力的意识，培养学科学和用科学的精神。

学习过程 ● ● ●

一、明确工作任务

1. 准确理解调研报告的意义

调研报告是以研究为目的，根据社会或工作的需要，对某一事务或某一问题，通过各种调研方法系统地调查研究和深入分析，最终撰写出调研报告，给出调查结果和建议。调研工作内容包括计划、实施、收集、整理等，调研报告是整个调研工作的总结，是整个调研团队工作与智慧的结晶，也是最重要的书面成果之一。调研报告的目的是将调查结果、建议和其他结果传递给高层管理人员。因此，认真撰写调研报告，准确分析调研结果，明确给出调研结论，是每位调研工作人员的职责。此次调研是单位主动了解新情况，应对新问题，积极探索、研究市场和社会需求，主动进行组织调整的尝试，其意义重大。

2. 新一代信息技术

新一代信息技术是以人工智能、量子信息、移动通信、物联网、区块链等为代表的新兴技术。它既是信息技术的纵向升级，也是信息技术与相关产业的横向融合。

3. 知晓调研报告的内容要求和格式要求

调研报告的主要内容有标题、前言、主体和结尾。调研报告主体要有概况介绍、资料统计、理性分析；结尾要有结论或对策、建议，以及所附的材料等。调研报告格式采用公文排版格式。

二、小组合作完成选题

1. 调研选题《＿＿＿＿＿＿＿＿＿＿＿》。

2. 选题意义：
（1）＿＿＿＿＿＿＿＿＿＿＿＿＿＿＿＿＿＿＿＿＿＿＿。
（2）＿＿＿＿＿＿＿＿＿＿＿＿＿＿＿＿＿＿＿＿＿＿＿。
（3）＿＿＿＿＿＿＿＿＿＿＿＿＿＿＿＿＿＿＿＿＿＿＿。
（4）＿＿＿＿＿＿＿＿＿＿＿＿＿＿＿＿＿＿＿＿＿＿＿。

三、信息检索

信息检索（Information Retrieval）是用户进行信息查询和获取的主要方式，是查找信息的方法和手段。狭义的信息检索是指信息查询（Information Search），即用户根据需要采用一定的方法，借助检索工具从信息集合中找出所需要信息的查找过程。广义的信息检索是指信息按一定的方式进行加工、整理、组织并存储起来，再根据用户特定的需要将相关信息准确查找出来的过程，又称信息的存储与检索。一般情况下，信息检索指的是广义的信息检索。信息检索起源于图书馆的参考咨询和文摘索引工作，从 19 世纪下半叶开始发展，至 20 世纪 40 年代，索引和检索已成为图书馆独立的工具和用户服务项目。随着 1946 年世界上第一台电子计算机问世，计算机技术逐步走进信息检索领域，并与信息检索理论紧密结合起来，脱机批量情报检索系统、联机实时情报检索系统相继研制成功并商业化。20 世纪 60 年代到 20 世纪 80 年代，在信息处理技术、通信技术、计算机和数据库技术的推动下，信息检索在教育、军事和商业等各领域发展迅速，得到了广泛的应用。

1. 认识网页浏览器

国际互联网（Internet）也叫网际网、互联网，是网络与网络之间所连接成的庞大网络，其中包含各种服务，如 E-mail 电子邮件、Telnet 远程登录、FTP 文件传输、万维网等。WWW（万维网）是 World Wide Web 的缩写，是一个巨大、分布广泛、全球性的信息服务中心，它涉及新闻、广告、消费信息、金融管理、教育、政府、电子商务和许多其他信息服务。万维网中的 Web 信息资源由统一资源标识符（Uniform Resource Identifier，URI）所标记，它可以是网页、图片、视频或者任何在 Web 上所呈现的内容。万维网通过超链接（Hyperlinks）将相互关联的信息连接起来，整个网络包含了丰富和动态的超链接信息，以及 Web 页面的访问和使用信息。这些丰富的资源可以使用网页浏览器（Web browser）来展示和检索。在国外常用的网页浏览器有谷歌公司的谷歌浏览器、Mozilla 基金会的火狐浏览器、微软公司的 Edge 浏览器、苹果公司的 Safari 浏览器等，在国内常用的有 360 公司的 360 安全浏览器、奇安信公司的奇安信浏览器、搜狗公司的搜狗浏览器、动景公司的 UC 浏览器、猎豹公司的猎豹浏览器等。

在麒麟操作系统中默认安装有 360 安全浏览器和奇安信浏览器。启动 360 安全浏览器的常用方法有 3 种，启动方法详见图 4-1 和表 4-1。

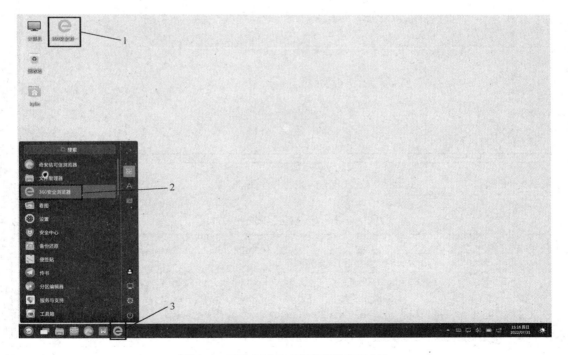

图 4-1　启动 360 安全浏览器的常用方法

表 4-1　启动 360 安全浏览器的常用方法

区域	启动方法
1	单击桌面上的 360 安全浏览器图标，打开浏览器
2	单击"开始"按钮，在弹出的"开始"菜单中找到"360 安全浏览器"选项，然后单击该选项即可打开浏览器
3	单击桌面底部任务栏上的 360 安全浏览器图标，打开浏览器

退出浏览器的常用方法有两种：一种方法是在浏览器窗口中单击右上角的"关闭"按钮，退出浏览器；另一种方法是在浏览器窗口中按 Alt+ F4 组合键，退出浏览器。

浏览器界面有标签栏、地址栏、搜索栏、菜单、书签栏、页面窗口和状态栏，如图 4-2 所示。图中各部分区域对应名称及作用见表 4-2。

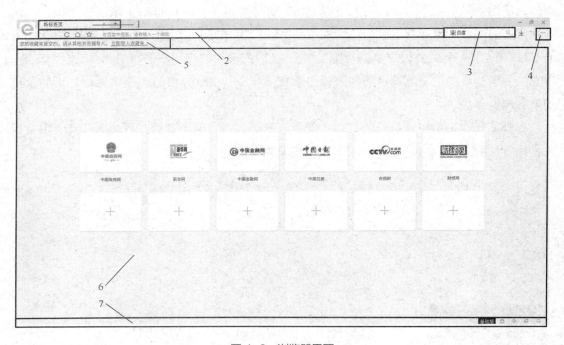

图 4-2　浏览器界面

表 4-2　浏览器各区域名称及作用

区域	名称	作用
1	标签栏	用于显示和切换不同的 Web 页面
2	地址栏	用于输入网站的地址，奇安信浏览器可通过识别地址栏中的信息，正确连接用户要访问的内容。例如，要登录"百度"网站，只需在地址栏中输入其网址，然后按回车键进入。在地址栏左侧有常用的快捷按钮，如后退、前进、重新加载/停止刷新、主页、显示书签等
3	搜索栏	用于搜索引擎的快速搜索
4	菜单	用于打开新标签页、新窗口、新无痕窗口，具有页面另存、调取历史记录、书签栏设置、打印页面、查找、开发者工具、设置等功能
5	书签栏	用于存放用户收集的 Web 网页地址

续表

区域	名称	作用
6	页面窗口	浏览器的主窗口，访问的网页内容显示在此。页面中有些文字或对象具有超链接属性，当鼠标指针放上去之后会变成手状，单击鼠标左键，浏览器就会自动跳转到该链接指向的网址，单击鼠标右键，则会弹出快捷菜单，可以从中选择要执行的操作命令
7	状态栏	实时显示当前的操作和下载 Web 页面的进度情况。设置取消网页静音。正在打开网页时，还会显示网站打开的进度。另外，通过状态栏还可以缩放网页

2. 使用搜索引擎

（1）搜索引擎

搜索引擎是指根据一定的策略、运用特定的计算机程序从互联网上采集信息，在对信息进行组织和处理后，为用户提供检索服务，将检索的相关信息展示给用户的系统。在大数据时代，网络产生的信息浩如烟海，只有在搜索引擎技术的帮助下，利用关键词、高级语法等检索方式才可以快速查询到高度相关的信息。

常用的搜索引擎有百度搜索、搜狗搜索、360 搜索等。

百度公司的百度搜索是全球领先的中文搜索引擎，2000 年由李彦宏、徐勇两人创立于北京中关村。"百度"二字源于中国宋朝词人辛弃疾的《青玉案》诗句："众里寻他千百度"，象征着百度对中文信息检索技术的执着追求。

搜狗公司于 2004 年 8 月 3 日推出搜狗搜索，是全球首个第三代互动式中文搜索引擎，是中国第二大搜索引擎。搜狗搜索通过人工智能算法，分析和理解用户可能的查询意图，对不同的搜索结果进行分类，对相同的搜索结果进行聚类，引导用户更快速准确定位目标内容。

奇虎 360 于 2012 年 8 月 16 日推出综合搜索，服务初期采用二级域名，整合了百度搜索、谷歌搜索内容，可实现平台间的快速切换。360 搜索主要包括新闻搜索、网页搜索、微博搜索、视频搜索、MP3 搜索、图片搜索、地图搜索、问答搜索、购物搜索，通过互联网信息的及时获取和主动呈现，为广大用户提供实用和便利的搜索服务。

（2）进入搜索引擎和设置默认搜索

进入搜索引擎网站的方法有两种。第一种方法是打开 360 安全浏览器，然后在地址栏输入搜索引擎域名后按回车键；第二种方法更便捷，直接在搜索栏输入搜索关键字按回车键，浏览器即可跳转到默认的搜索引擎网站进行搜索。

浏览器默认搜索引擎可以修改。修改方法是单击浏览器地址栏最右侧的菜单按钮 ⋯，在弹出的菜单中选择"设置"命令，进入设置页面。在页面窗口中，单击左侧的"基本设置"选项卡，然后在页面右侧"搜索"下拉列表中，可以在"360 搜索"、"Google"和"百度"等搜索引擎中选择某个搜索引擎，如图 4-3 所示。

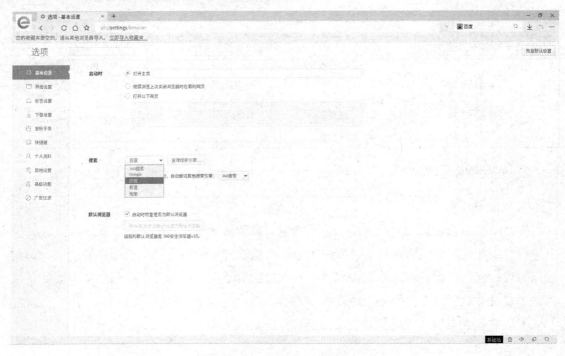

图 4-3　浏览器基本设置

（3）搜索技巧

① 关键字

关键字搜索是最基础的搜索方法。比如，想在网上搜索人工智能方面的资料，直接在搜索引擎中输入"人工智能"关键词即可。如果想搜索人工智能和区块链方面的资料，可以在搜索引擎中输入"人工智能"和"区块链"这两个关键词即可，多个关键词中间需要加空格分隔。

② 减号

减号搜索是想搜索的信息减去不想搜索的信息。比如，想在网上搜索人工智能方面的资料，但不要出现机器人，就可以输入"人工智能–机器人"来搜索。

格式：关键字 A–关键字 B（减号前有空格）。

③ 双引号

双引号搜索法，搜索结果必须出现连续的文本 A。比如，想在网上搜索包含人工智能机器人方面的资料，就可以输入带双引号的"人工智能机器人"，搜索结果为包含这七个字的网页。

格式："关键字 A"（中英文双引号皆可）。

④ 星号

星号为通配符，可代替任何文字。一般可以用来搜只记得一部分的成语、诗句，或者是一些描述广泛的东西。比如，搜索"人工智能*人"，就可以找到"人工智能和人"，"人工智能及机器人"等相关网页。

格式：关键字 A*关键字 B。

⑤ filetype

如果希望在网上搜索包含特定关键词的特定格式的文件，可以使用 filetype 功能。比如，输入"白皮书 filetype:pdf"，可以搜索到"大数据白皮书""企业数字化转型白皮书"等 pdf 文件。

格式：关键字 A filetype:pdf （filetype 前有空格，中英文冒号皆可）。

⑥ 限定时间

通常搜索引擎会返回大量网页，加上特定时间段的限制，可以高效筛选出所需资料。比如，搜索 2020 到 2022 近三年的 pdf 白皮书文件，可以输入"白皮书 filetype:pdf 2020.2022"。

格式：关键字 A filetype:pdf 时间 1.时间 2（中英文冒号皆可）。

⑦ site

用于搜索指定网站下的关键信息，即搜索范围限定在某个网站。

格式：关键字 A site 域名 （site 前后有空格，中英文冒号皆可）。

⑧ intitle

在所有标题中包含关键字 B 的网页中，寻找出现关键字 A 的结果。

格式：关键字 A intitle 关键字 B （intitle 前后有空格）。

⑨ inurl

URL 是统一资源定位符（Uniform Resource Locator）是互联网上可访问资源的地址。指定 URL 地址进行精准搜索，即我们可以在 URL 地址中限定关键词 A 进行搜索。比如，搜索"inurl:gif"，可以更精确地找到 gif 动画图片。

格式：inurl:关键字 A（中英文冒号皆可）。

（4）复制网页资料

在网上通过搜索引擎找到所需要的资料后，需要将有用的内容复制保存下来。一般可以选中网页内容，然后使用系统的"复制"和"粘贴"功能将内容保存到本地文档，但也有很多网站出于商业考虑，禁止用户复制。在处理好版权相关问题后，可以通过多种方法对网页中信息进行复制提取。第一种方法是"截图识别"，通过麒麟操作系统的截图工具，对网页内容进行截图，然后借助某种 OCR（光学字符识别）软件将包含文字的图片识别转换出文字。第二种方法是"打印"，对于禁止复制的网页，通过浏览器菜单中的"打印"功能进入打印预览模式。在预览模式窗口下就可以直接复制内容。如果将网页打印为 pdf 文件，也可以通过打开 pdf 文件，然后选择其中的内容进行复制。第三种方法是"保存"网页，在禁止复制的网页中选择浏览器菜单的"工具"中的"保存"网页功能，可以将网页保存为 HTML 文件。HTML 文件是一种纯文本格式的文件，可以通过"文本编辑器"打开，打开后即可进行复制其中标签文字。第四种方法就是"审查元素"。在浏览器菜单的"工具"中，有"开发人员工具"按钮，当遇到禁止复制的网页，进入"开发人员工具"界面，单击左上角的"审查元素"按钮，定位到网页的源代码中当前浏览的位置，即可复制网页内容。

麒麟操作系统的"开始"菜单中有"截图"工具栏，如图 4-4 所示。打开截图工具后，桌面显示光标的实时位置框图，移动光标后左键单击可自定义选取需要截取的窗口，在打开的窗口中左键单击可自动截取当前的窗口。此外，通过键盘的 PrintScreen 键可以调用截图功能，按 PrintScreen 键可以截取全屏，同时按下 Shift 键和 PrintScreen 键可以自定义截图窗口，同时按下 Ctrl 键和 PrintScreen 键可以截取当前窗口。截取窗口后，自动显示当前窗口大小和截图工具栏，可通过拉伸截图窗口调整窗口大小，使用截图工具栏中的工具可对截图进行编辑、保存、复制到剪切板等，详细功能介绍见表 4-3。

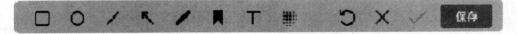

图 4-4　"截图"工具栏

表 4-3　截图工具栏功能说明表

图标	名称	描述
□	方框	画出方形
○	圆形	画出圆形
╱	直线	画出直线
↖	箭头	画出箭头
╱	画笔	自行绘画
▮	标记	进行绘画标记
T	文本	添加文本文字
▦	模糊	模糊区域
↺	撤销	退回至上一步操作

续表

图标	名称	描述
✕	取消截图	取消截图操作
✓	复制至剪切板	将截图复制至剪切板
保存	保存	保存截图内容

3. 图书、期刊、论文检索

（1）读秀学术搜索

读秀学术搜索是由海量数据及资料组成的超大型数据库，为用户提供了深入到图书章节和内容的知识点服务，部分文献的少量原文试读，以及高效查找、获取各种类型学术文献资料的一站式检索，是一个真正意义上的学术搜索引擎及文献资料服务平台，如图 4-5 所示。

图 4-5　读秀学术搜索

在读秀学术搜索网站首页，有知识、图书、期刊、报纸、学位论文、会议论文等栏目。单击"图书"栏目后，在下方搜索框中输入"区块链"，单击"中文搜索"按钮即可检索出区块链相关电子书籍，如图 4-6 所示。在检索出的电子书下方有"试读"和"汇雅电子书"，这两者的区别是试读只提供 15 页正文阅读，而汇雅电子书可以提供整本书阅读。

（2）中国知网

中国知网始建于 1999 年 6 月，是中国核工业集团资本控股有限公司控股的同方股份有限公司旗下的学术平台。CNKI 工程是以实现全社会知识资源传播共享与增值利用为目标的信息化建设项目。中国知网首页如图 4-7 所示。

图 4-6　读秀图书搜索

图 4-7　中国知网首页

在中国知网首页检索框中输入"人工智能"并按回车键，即可在中国知网数据库中进行检索，如图 4-8 所示。检索方式默认为主题检索，检索方式也可以切换为篇名、关键词、摘要、小标题等。检索库可以中英文切换，也可以在学术期刊、学位论文、会议论文、报纸、年鉴、中文图书、专利、标准、成果之间切换。检索结果可以按照相关度、发表时间、被引、下载、综合等进行排序。单击"下载"按钮 即可下载全文。

图 4-8　中国知网学术期刊检索

（3）搜索技巧

① 关键字搜索

关键字搜索是最常用的一种方法，在读秀学术搜索、中国知网等学术平台上搜索中英文关键词后找到对应的文献，快速查阅文献的基本信息，如标题、发表时间、刊物、被引用次数、作者、摘要等，就能找到满足你需求的文献。

② 通过文献找文献

通过文献找文献，也是一种需要掌握的文献搜索技巧。每个研究领域都会有一些权威的作者，找到近两三年他们发表的研究文章，仔细阅读这些文章的参考文献，就可以发掘出有价值的好文献。

③ 综述类文献

综述类文献，往往像一份地图一样，会介绍该研究领域或主题有哪些细分方向、产生了哪些重要结论、未来发展趋势如何等，方便读者快速了解一个研究主题的国内外研究现状，并且通过文章的参考文献找到该研究领域或主题的重要文献。

4. 专利检索

（1）专利

专利是由政府机关或者代表若干国家的区域性组织，根据申请而颁发的一种文件。这种文件记载了发明创造的内容，并且在一定时期内产生一种法律状态，即获得专利的发明创造在一般情况下他人只有经专利权人许可才能予以实施。专利在我国分为发明、实用新型和外观设计三种类型。中华人民共和国国家知识产权局（"National Intellectual Property Administration，PRC"或 "China National Intellectual Property Administration"。对外正式简称为"CNIPA"）是国务院主管全国专利工作和统筹协调涉外知识产权事宜的直属机构。各省、自治区、直辖市人民政府一般均设有知识产权局，负责本行政区域内的专利管理工作。

专利文献作为技术信息最有效的载体，囊括了全球 90% 以上的最新技术情况，相比一般技术刊物所提供的信息早 5～6 年，而且 70%～80% 发明创造只通过专利文献公开，并不见诸其他科技文献，相对于其他文献形式，专利更具有新颖、实用的特征。可见，专利文献是世界上最大的技术信息源，另外，据实际统计分析，专利文献包含了世界科学技术信息的 90%～95%。

如此巨大的信息资源远未被人们充分地加以利用。事实上，对企业组织而言，专利是企业的竞争者之间唯一不得不向公众透露而在其他地方都不会透露的某些关键信息的地方。因此，企业竞争情报的分析者，通过细致、严密、综合、相关的分析，可以从专利文献中得到大量有用信息，而使公开的专利资料为本企业所用，从而实现其特有的经济价值。科研人员在科研工作中需要经常查阅专利文献，这样不仅可以提高科研项目的研究起点和水平，而且还可以节约 60% 左右的研究时间和 40% 左右的研究经费。

（2）专利检索

专利检索分普通检索和专家检索。普通检索是指通过向国家知识产权专利检索部门申请的检索方式以了解专利新颖性和创造性。该检索单位向社会提供检索业务，能够出具加盖公章的检索报告。在司法实践中，一般侵权案件发生时向法院提供的检索报告则由该中心出具。常见的普通检索类型有查新检索、无效检索、专题检索和侵权检索。专家检索是指根据某专利的所属行业及技术特点，寻找特定的行业专家，并通过特定的检索库进行检索。

（3）专利的检索方法

常用的中文专利检索数据库是国家知识产权局专业数据库。国家知识产权公共服务网提供专利检索，如图 4-9 所示。

图 4-9 专利检索

（1）自动识别：通过用户输入的关键词、申请号、公开号、申请人、发明人、申请日、公开日、IPC 分类号、CPC 分类号，系统智能识别检索并返回符合条件的专利检索结果。

（2）检索要素：通过用户输入的关键词，系统在标题、摘要、权利要求和分类号中检索，同时检索返回符合条件的专利检索结果。

（3）申请号：通过用户输入的申请号（文献申请国+申请流水号）进行检索。

（4）公开号：通过用户输入的申请号（文献申请国+申请流水号）进行检索。

（5）申请人/发明人：通过输入的姓名对专利申请人和专利发明人进行检索。

（6）发明名称：通过输入发明名称的关键词对专利进行检索。关键词可输入多个，关键词之间用逻辑运算符 and、or、not 连接。

5. 商标检索

在国家知识产权公共服务网官网中可以查询中国商标和欧盟商标，如图 4-10 所示。

图 4-10 国家知识产权公共服务网首页

中国商标查询中提供有商标近似查询、商标综合查询、商标状态查询、商标公告查询和商品/服务项目等功能。

（1）商标近似查询：按照图形、文字等商标组成要素分别提供近似检索查询，用户可以在相同或类似商品上自行检索是否已有相同或近似的商标。

（2）商标综合查询：用户按照商标号、商标、申请人名称等方式，查询某一商标的有关信息。

（3）商标状态查询：用户通过商标申请号或注册号查询有关商标在业务流程中的状态。

（4）商标公告查询：提供商标公告查询。商标公告中包含商标初步审定公告、商标转让/移转公告、商标转让/移转公告、商标使用许可备案公告、商标质权登记公告、商标质权登记公告等。

（5）商品/服务项目：提供了商品及服务项目的查询。

欧盟商标查询中可以通过名称、申请人、申请号、申请日、国际分类进行检索。名称、申请人、申请号默认为模糊检索，不支持字段内的逻辑组合检索。如果少于 3 个字符的查询需要精确检索，需要将检索内容前后加半角单引号，如'A'。申请日格式参考示例 2021、2021–04 和 2021–04–26。

6. 其他数字信息资源平台检索

（1）知乎问答平台

为用户提供问题发布，以及为用户分享知识、经验和见解，找到自己的问题或者答案等。同时可以为用户提供热点事件或者感兴趣话题，用户可展开讨论并发表意见。

（2）慕课学习平台

慕课（Massive Open Online Course，MOOC），英文直译为"大规模开放的在线课程"，是一种在线课程开发模式，它是以连通主义理论和网络化学习的开放教育学为基础建立起来的。这些课程跟传统的大学课程一样循序渐进地让学生从初学者成长为高级人才。课程的范围不仅覆盖了广泛的科技学科，比如数学、统计、计算机科学、自然科学和工程学，也包括社会科学和人文学科。对学习者来说，慕课教学质量高，教学资源丰富，而且学习成本低，可以免费学到很多东西；对于大学教学来说，慕课教学法深化了传统在线教育，推动了大学教育创新模式。

（3）前程无忧招聘平台

"前程无忧"是国内一个集多种媒介资源优势的专业人力资源服务机构平台，集合了传统媒体、网络媒体及先进的信息技术，加上一支经验丰富的专业顾问队伍，为用户提供包括招聘猎头、培训测评和人事外包在内的全方位专业人力资源服务。

四、信息素养与社会责任

　　素养是指一个人在工作学习、待人接物、为人处世等方面展现出的能力和水平。它与能力相伴而生，这是因为素养是为提高自身能力进行学习而得到的，而能力则是素养的具体表现。因此，一个人素养的高低，很大程度上决定了其成功可能性的大小。在信息社会到来之前，图书馆是人们获取信息的主要来源。由于图书馆中的藏书众多，读者想要快速获取信息，就必须掌握高效利用图书馆信息资源的方法。为此，图书馆会针对读者定期开展文献检索技能培训和教育，而图书馆素养，就是读者在经过图书馆培训后具备的素养。

　　随着信息技术的发展，信息化成了社会发展的大趋势，图书馆素养也无法满足时代发展的需要。在此情形下，信息素养就应运而生了。信息素养涵盖人们获取、理解、评估、利用、交流和创造信息的全过程，涉及日常生活、学习、工作、娱乐的方方面面，是个人终身学习、信息技术发展、学习型社会建设、创新型人才培养的重要基础，信息素养教育也会在今后的素质教育中扮演越来越重要的角色。

　　作为人们适应信息社会生活的必备素养，信息素养主要包括信息意识、信息知识、信息能力和信息伦理四大主要要素。信息意识是信息素养的前提，它是指个体对信息的敏感度和对信息价值的判断力。信息知识是信息素养的基础，包括信息的特点与类型、信息交流和传播的基本规律与方式、信息的功用及效应、信息检索等方面的知识。信息能力是信息素养的保证，也是信息素养最重要的要素。在信息社会中，几乎做任何事都需要信息能力。一般来说，核心的信息能力包括信息发现能力、信息检索能力、信息组织能力、信息分析能力和信息评价能力，体现在对信息的获取、理解、评估、利用、交流和创造等过程中。信息伦理是信息素养的准则，它是指人们在从事信息活动时需要遵守的信息道德准则和需要承担的信息社会责任。信息伦理要求我们具有一定的信息意识、知识与能力，遵守信息相关的法律法规，信守信息社会的道德与伦理准则，在现实空间和虚拟空间中遵守公共规范，既能有效维护信息活动中个人的合法权益，又能积极维护他人合法权益和公共信息安全。

　　信息社会责任是指信息社会中的个体在文化修养、道德规范和行为自律等方面应尽的责任。首先养成一定的信息安全意识和能力，其次要遵守信息社会的道德和伦理准则，不管是在现实社会，还是虚拟网络社会都要遵守法律法规，然后积极关注信息技术发展带来的机遇和挑战，对于信息技术带来的新事物、新思想用批判吸收的观念来处理，最后与他人交流中，既要维护自己的合法权益，又能积极维护他人的合法权益以及公共信息安全。

问题：

各检索方法对调研报告都有哪些作用？

学习活动 2 制订计划

学习目标 ● ● ●

1. 明确工作任务分工及职责，合理制订工作计划。
2. 能通过甘特图等项目管理工具对团队工作进行管理。

思政要点 ● ● ●

通过制订计划，培养工作有计划、有条理的习惯。

学习过程 ● ● ●

一、制订工作计划

调研及撰写调研报告时间有限、内容繁多、单位期望较高，如何在有效的时间内保质保量地完成工作，需要制订可靠而翔实的工作计划。制订工作计划首先要确定总时间，逐个分解目标，为工作设置里程碑，即关键节点；然后列出工作计划所需要的资源，在工作正式开展前沟通获取，如果关键资源沟通获取失败，需要找到替代资源或调整方案；最后需要将大任务分解成小任务，分解任务要合理，分配粒度不可过大。本次调研工作以一天的工作量来划分，可以方便跟踪确认，确定工作计划完成的时限，并且需要以明确的可展示的方式（如甘特图）呈现给团队，方便团队成员协调推进，以免沟通不畅导致时间浪费。制订好的工作计划尽量依规执行，但如果遇到特殊情况，也可以及时调整更新。

工作计划表见表 4-4。

表 4-4 工作计划表

分工	成员	任务	时间	要求	备注
组长					
组员					
组员					
组员					
组员					
组员					

二、明确工作任务分工职责

在制订好工作计划后，还需要确定好团队各成员的工作职责。工作职责有：人员工作安排、行动指挥、搜集资料、资料整理、调研报告撰稿、调研报告统稿、演示汇报制作、汇报演讲等。工作任务分工职责表见表4-5。

表4-5　工作任务分工职责表

分工	成员	职责	备注
组长			
组员			
组员			
组员			
组员			
组员			

三、掌握甘特图等项目管理工具

甘特图以图形方式展示活动列表和时间刻度，可以表示特定任务的顺序与持续时间。甘特图中横轴表示时间，纵轴表示项目，线条表示期间计划和实际完成情况。甘特图能够非常直观地呈现出任务何时进行，进展与要求的对比，便于团队管理者弄清项目的剩余任务，评估工作进度。

在WPS应用市场中单击"协同办公"选项卡，在其界面中可以找到"项目管理"选项，如图4-11所示。

图4-11　WPS应用市场"协同办公"选项卡界面

在项目管理中，通过"全部项目"可以找到"新建项目"选项，如图 4-12 所示。

图 4-12　新建项目

单击"新建项目"选项可以建立自己管理的新项目"项目 A"。建立"新项目 A"后，出现"项目管理"窗口，默认为"甘特图"视图，也可以切换到"列表视图"和"看板视图"，如图 4-13 所示。

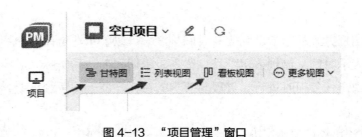

图 4-13　"项目管理"窗口

单击"添加任务"选项，可以在"任务名称"中输入任务名，以在项目中新建不同的任务。任务的开始时间和结束时间可以键盘输入，也可以在对应的下拉菜单中进行选择，还可以双击右侧日历，通过创建红色横条来表明任务的时间段，如图 4-14 所示。

图 4-14　添加任务

四、制订工作计划

在虚图位置粘贴调研报告工作计划的甘特图。

在虚图位置粘贴调研报告最终完成时的甘特图。

学习活动 3　实施作业

 学习目标 ● ● ●

1. 整理资料。
2. 制作调研报告。
3. 制作演示文稿。

 思政要点 ● ● ●

通过对云编辑的学习，培养团队协作的意识和奉献精神。

学习过程 ● ● ●

一、整理资料

各种搜索方法可以收集大量的研究资料，但资料进入到调研报告还需要整理、核对、然后汇总。在现代信息社会中，资料获取的手段丰富、来源多样、速度迅捷、成本低廉，为调研提供了非常大的便利，但也存在资料数量巨大、质量参差不齐、真假并存的情况，所以需要对资料进行有效甄别、筛选、分类和提炼。参考我国著名教育改革家陶行知先生的读书方法，可以帮助我们进行资料消化整理。陶行知先生用拟人的手法将读书方法写成一首现代诗《八位顾问》。

> 我有八位好朋友，肯把万事指导我。
>
> 你若想问真名姓，名字不同都姓何。
>
> 何事何故何人何如何时何地何去，好像弟弟与哥哥。
>
> 还有一个西洋派，姓名颠倒叫几何。
>
> 若向八贤常请教，虽是笨人不会错。

其中，"何事"是研究对象；"何故"是研究原因；"何人"是研究过程中出现的重要人物或组织；"何如"是研究如何做；"何时"与"何地"是研究中出现的重要时间期限和地点场所；"何去"是如何达成研究目标；"几何"是研究价值和数量。利用陶行知先生提出的这八种思路，将材料进行分类汇总，绘制成思维导图，如图 4-15 所示。

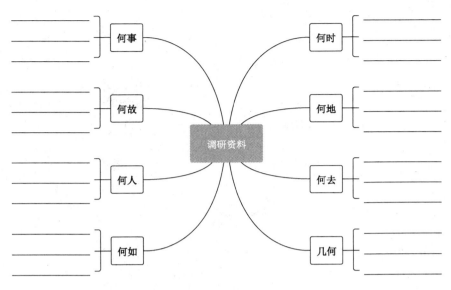

图 4-15　八何思维导图

二、新建团队

团队成员可单击"项目管理"窗口左上角的"团队版"选项，在"团队"窗口中进行管理，如图 4-16 所示。

图 4-16　"项目管理"窗口

在"团队"窗口中，单击右上角的"邀请成员"选项，如图 4-17 所示。

图 4-17　"团队"窗口

将"复制链接"通过微信和 QQ 发给组员，通知他们加入，如图 4-18 所示。

图 4-18　"邀请成员"窗口

三、团队协同编辑

团队成员通过 WPS 云编辑可以同时编辑文档，高效完成同一份文档。单击"文档"选项卡中的"我的云文档"选项，选择某份文档，然后单击窗口右侧的"分享"按钮，如图 4-19 所示。

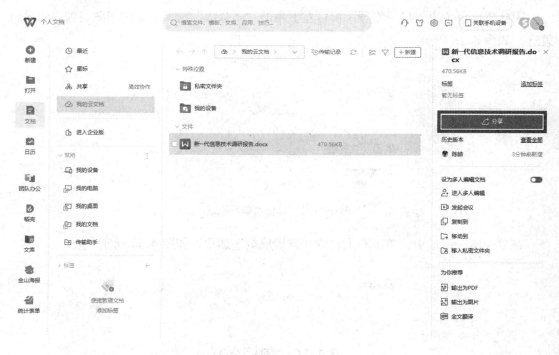

图 4-19　WPS 云编辑

选中"任何人可编辑"单选按钮，然后单击"创建并分享"按钮，如图 4-20 所示。

图 4-20　创建并分享

单击"复制链接"按钮，将链接发给想要发送的人，如图 4-21 所示。

图 4-21　复制链接

四、记录问题及解决方法

在上述操作过程中，将所遇问题及解决方法做好记录，见表 4-6。

表 4-6　所遇问题及解决方法记录表

所遇问题	解决方法

五、填写工作日志

工作日志表见表 4-7。

表 4-7　工作日志表

序号	日期	时间	工作内容	指导教师意见
1				
2				
3				
4				
5				

学习活动 4 质量检查及验收

学习目标 ● ● ●

1. 能完成调研报告的基本要求。
2. 能根据修改意见对调研报告和演示汇报进行修改。

思政要点 ● ● ●

通过总结评价，强化责任意识，培养敬业精神，树立担当意识。

学习过程 ● ● ●

一、质量检查

1. 调研报告的内容完成情况。
2. 调研报告的格式规范情况。
3. 根据学习任务完成情况，统计并记录论文完成情况。
4. 根据相关知识进行小组互相检查，并根据项目要求完成任务质量检查表，见表4-8。
5. 调研报告最后修改。根据检查情况，对于发现的问题及提出的改进措施独立进行修改，修改后再次核对直至完全符合要求。

表4-8　任务质量检查表

检查序号	检查项	根据完成情况或完成项目 在相应选项位置标记"√"	改进措施
1	文字正确率	□100%　　□100% 以下	
2	标题	□字体　　□字号 □对齐方式 □字形　　□文本效果	

续表

检查序号	检查项	根据完成情况或完成项目 在相应选项位置标记"√"	改进措施
3	正文	□字体　　□字号 □对齐方式 □缩进方式　□行间距	
4	落款	□字体　　□字号　　□对齐方式	
5	页面布局	□页边距　□纸型 □方向	
6	图形、图片、表格、艺术字等元素的运用	□运用了图片 □运用了图形 □运用了表格　　□运用了艺术字 □图片等元素经处理后使用	
7	目录	□自动生成目录 □目录能更新 □手动生成目录　□目录设置格式合理 □未正确生成目录	
8	文稿排版	□完成页眉、页脚设置 □完成页码设置 □完成页面纸张、方向设置 □完成装订线设置 □完成页边距设置	

二、交接验收

　　根据选题进行综述汇报，展示研究内容完成效果，逐项核对任务要求，完成交接验收，并根据汇报和评价情况撰写工作日志。验收表见表4-9。

表4-9　验收表

验收项目	验收要求	第一次验收	第二次验收
综述汇报文稿撰写	文稿撰写格式正确，撰写内容符合要求	□通过 □未通过 整改措施：	□通过 □未通过

续表

验收项目	验收要求	第一次验收	第二次验收
综述汇报拼写检查	正确率100%	□通过 □未通过 整改措施：	□通过 □未通过
综述汇报格式设置	排版格式设置符合公文稿格式设置要求，设置效果好	□通过 □未通过 整改措施：	□通过 □未通过
综述汇报页面设置	页面设置合理，整体布局美观，符合客户需求	□通过 □未通过 整改措施：	□通过 □未通过
客户检查情况	□合格　　　□不合格 □较好，但有待改进	客户签字：	客户签字：

三、总结评价

按照"客观、公平和公正"原则，在教师的指导下以自我评价、小组评价和教师评价三种方式对自己和他人在本学习任务中的表现进行综合评价，考核评价表见表4-10。

表 4-10 考核评价表

班级		学号			姓名		
评价项目	评价标准	评价方式			权重	得分小计	总分
		自我评价	小组评价	教师评价			
职业素养与关键能力	1. 能按规范执行安全操作规程； 2. 能参与小组讨论，相互交流； 3. 能积极主动、勤学好问； 4. 能清晰、准确表达所学内容				40%		
专业能力	1. 能准确理解调研报告的意义及要求，且调研选题合理； 2. 能熟练使用 WPS 云服务的协同办公工具进行项目管理； 3. 能灵活运用相关搜索引擎完成信息收集和整理； 4. 能灵活运用 WPS 云服务对调研文稿进行团队合作编写； 5. 能熟练使用 WPS 演示对调研工作进行总结，并在公开场合汇报演讲				60%		
综合等级		指导教师签名		日期			

填写说明：

1. 各项评价采用 10 分制，根据符合评价标准的程度打分。

2. 得分小计按以下公式计算：

得分小计＝（自我评价 × 20% ＋小组评价 × 30% ＋教师评价 × 50%）× 权重。

3. 综合等级按 A（9≤总分≤10）、B（7.5≤总分＜9）、C（6≤总分＜7.5）、D（总分＜6）四个级别填写。

反侵权盗版声明

　　电子工业出版社依法对本作品享有专有出版权。任何未经权利人书面许可，复制、销售或通过信息网络传播本作品的行为；歪曲、篡改、剽窃本作品的行为，均违反《中华人民共和国著作权法》，其行为人应承担相应的民事责任和行政责任，构成犯罪的，将被依法追究刑事责任。

　　为了维护市场秩序，保护权利人的合法权益，我社将依法查处和打击侵权盗版的单位和个人。欢迎社会各界人士积极举报侵权盗版行为，本社将奖励举报有功人员，并保证举报人的信息不被泄露。

举报电话：（010）88254396；（010）88258888

传　　真：（010）88254397

E-mail：　dbqq@phei.com.cn

通信地址：北京市万寿路 173 信箱

　　　　　电子工业出版社总编办公室

邮　　编：100036